팬케이크 레시피 230

STAFF

〈본문〉

요리지도 아라이 미요코, 이다 준코, 이시자와 기요미, 이시바시 가오리, 오이시 미도리, 오모리 이쿠코, 오기타 히사코, 구로카와 유코,
구로키 유코, 고지마 기와, 사이토 마키, 단노 마리코, 도미타 세쓰코, 히로사와 교코, 후쿠오카 나오코, 후지이 메구미, 호리에 사와코,
혼마 세쓰코, 미나쿠치 나호코, 와타나베 마키, 시모사코 아야미

촬영 스나하라 아야, 다케이 메구미, 나가쓰카 나오, 히오키 다케하루, 야마다 요지, 주부의벗사 사진과, 하라 히데토시

촬영 협조 UTUWA **구성, 글** 마쓰바라 요코 **편집 담당** 사사키 메구미 **디자인** 센도다 게이코 **스타일링** 모로하시 마사코

HOTCAKE MIX NARA KANTAN! 300 RECIPE
© Shufunotomo Co., Ltd. 2015
Originally published in Japan by Shufunotomo Co., Ltd.
Translation rights arranged with Shufunotomo Co., Ltd.
through BC agency

이 책의 한국어판 저작권은 BC에이전시를 통한 권리자와의 독점계약으로 북스토리(주)에 있습니다.
저작권법에 의해 한국 내에서 보호를 받는 저작물이므로 무단전재와 무단복제를 금합니다.

팬케이크 레시피 230 (원제 : ホットケーキミックスなら簡単!300レシピ)

1판 1쇄 2017년 4월 25일

지 은 이 주부의 벗사
옮 긴 이 용동희

발 행 인 주정관
발 행 처 북스토리라이프
주　　소 경기도 부천시 길주로 1 한국만화영상진흥원 311호
대표전화 032-325-5281
팩시밀리 032-323-5283
출판등록 2016년 3월 8일 (제387-2016-000012호)
홈페이지 www.ebookstory.co.kr
이 메 일 bookstory@naver.com

ISBN 979-11-957611-7-3 14590
　　　979-11-957611-6-6 (세트)

※잘못된 책은 바꾸어드립니다.

이 도서의 국립중앙도서관 출판시도서목록(CIP)은
서지정보유통지원시스템 홈페이지(http://www.seoji.nl.go.kr)와
국가자료공동목록시스템(http://www.nl.go.kr/kolisnet)에서 이용하실 수 있습니다.
(CIP제어번호 : CIP2017007555)

동시대의 감성과 지성을 담아내는 **북스토리(주) 출판 그룹**

북스토리 | 문학, 예술, 만화, 청소년
북스토리아이 | 유아, 어린이, 학습
북스토리라이프 | 취미, 실용
더좋은책 | 교양, 인문, 철학, 사회, 과학

스 위 트
쿠   킹
클래스 **3**

팬케이크
레시피
230

PANCAKE RECIPE

주부의 벗사 지음 | **용동희** 옮김

북스토리
Life

PART 2

계속 만들고 싶어지는 매일 간식

선물로도 좋은 달콤한 디저트

달지 않아 식사 대용으로 좋은 식사빵

PART 5

특별한 날을 위한 이벤트 간식

팬케이크 믹스

팬케이크 믹스는 밀가루를 베이스로 베이킹파우더, 설탕, 식물성기름, 향료를 밸런스 좋게 배합한 것이다. 따라서 달걀과 우유를 넣는 것만으로도 맛있는 팬케이크는 물론이고, 크레이프나 과자 등 여러 간식을 만들 수 있다.

제품에 따라 재료나 배합률이 다소 차이가 있겠지만, 주성분은 어느 정도 같기 때문에 이 책의 레시피는 어떤 팬케이크 믹스를 사용하여도 관계없다. 단 맛과 향, 반죽의 부드러움 등을 비교하여 취향에 맞는 제품을 사용한다.

가루는 체에 치지 않고 바로 넣어도 OK!

팬케이크 믹스에는 식물성기름이 배합되어 있기 때문에 보슬보슬하여 흡수되기 쉽고, 달걀과 우유를 넣어도 덩어리지지 않는 특징이 있다. 그래서 기본적으로 체로 치지 않고 사용해도 된다. 단, 코코아파우더나 말차 등 입자가 고운 것은 차 거름망으로 체를 쳐 팬케이크 믹스와 합쳐야 균일하게 섞인다.

※ 이 책에서는 가루를 체로 쳐서 사용하는 경우도 있으므로, 만드는 방법을 확인한다.

고운 색으로 굽기 위해서는

얼룩 없이 고운 색으로 팬케이크를 굽기 위해서는 수지가공된 프라이팬이나 핫플레이트를 추천한다. 달걀팬도 수지가공(테플론 코팅)된 것을 사용하면 실패하지 않는다.

많이 만든 경우 냉동 보관

팬케이크가 남았을 경우나 많이 만들었을 경우에는 1장씩 랩으로 싸서 냉동 보관한다. 먹을 때는 전자레인지로 40초~1분간 가열하면 맛있게 먹을 수 있다.

- 1큰술은 15ml, 1작은술은 5ml, 1컵은 200ml를 말한다.

- 따로 표시하지 않은 경우, 설탕은 상백당, 밀가루는 박력분을 사용한다.

- 특별한 표시가 없으면 달걀은 중간 크기의 것을 사용한다.

- 버터는 무염을 사용한다. 적은 양 혹은 토핑일 경우는 가염 버터여도 좋다.

- 생크림은 동물성(유지방) 제품을 사용한다. 식물성 휘핑크림은 풍미나 거품의 정도가 다를 수 있다.

- 상온은 20~25℃를 말한다. 겨울과 같이 추울 때는 난방을, 여름과 같이 더울 때는 냉방을 통해 상온을 조절한다.

- 전자레인지는 별도의 표시가 없을 경우 600W 기종을 사용한다. 500W의 경우 1.2배로 가열 시간을 조정한다. 또한 가열되는 정도가 기종에 따라 차이가 있으므로 상태를 봐가면서 조절하도록 한다.

- 오븐의 온도와 가열 시간은 일반적인 기종이 기준이다. 기종에 따라 가열되는 방법이 다르고, 오븐 크기에 따라 굽는 시간도 다르기 때문에, 모양을 봐가면서 조절한다. 또한 반드시 예열하여 사용한다.

- 쿠킹 시트는 내열·내수성 있는 것으로, 케이크 틀이나 철판에 반죽이 달라붙는 것을 방지한다.

- 식힘망에 구운 케이크나 쿠키 등을 올려 식힌다. 금속 철망이어도 좋다. 오븐 철망과 같이 다리가 없는 경우는 철망 아래에 공간을 두어 아래로 열과 수분이 빠지도록 한다.

PART 1

. . .

폭넓게 응용할 수 있는
팬케이크 & 빵케이크

마음먹으면 바로 만들 수 있는 간편함과 누구라도 좋아할 맛! 모두가 좋아하는 팬케이크와 수년

간 인기를 끌고 있는 빵케이크를 만든다. 그대로 먹어도 맛있지만, 반죽에 맛을 더하고 귀엽게 장

식하면 색다른 즐거움도 느낄 수 있다.

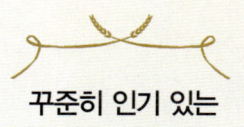

꾸준히 인기 있는
폭신폭신 팬케이크

카페풍 도톰한 팬케이크 완성!

폭신폭신함이 생명 플레인 팬케이크

분량 직경 약 12cm · 3장분

재료 팬케이크 믹스 150g, 달걀 1개,
우유 100ml

1 거품기로 달걀을 풀고, 우유를 넣어 섞는다.

2 팬케이크 믹스를 넣고 섞는다. 약간 덩어리가 있어도 상관없으므로,
너무 많이 섞지 않도록 주의한다.

POINT 너무 많이 섞으면 부풀지 않게 된다.

3 수지가공된 프라이팬을 중불로 달군 후, 젖은 행주 위에 올려 온도를
조절한다.

4 만들어놓은 반죽의 1/3을 부은 후, 뚜껑을 덮고 약한 중불로 2분간
굽는다.

POINT 반죽을 붓고 뚜껑 덮는 것을 잊지 않는다.

5 표면에 구멍이 뽕뽕 나고 가장자리가 약간 마르면, 뒤집은 후 1~2분
간 더 굽는다.

6 구워지면 접시에 담아 식지 않도록 랩을 살짝 덮어둔다. 나머지 반죽
도 같은 방법으로 굽는다. 취향에 따라 버터, 꿀, 메이플 시럽 등을 곁
들인다.

_ 시모사코 아야미

새콤달콤함이 은은하게 퍼지는

드라이 프루츠 팬케이크

분량 4장분

재료 팬케이크 믹스 200g, 달걀 1개, 우유 140ml, 취향에 따른 드라이 프루츠(건포도, 살구 등) 100g

1 드라이 프루츠는 잘게 다진다.
2 볼에 달걀을 풀고 우유, 팬케이크 믹스 순서로 넣어 거품기로 섞은 후, 마지막에 드라이 프루츠를 넣어 섞는다.
3 수지가공된 프라이팬을 중불로 달군 후, 바닥 부분을 젖은 행주에 올려 식힌 다음 다시 약불에 올린다. 반죽 한 국자를 넣어 굽는다. 3분간 구운 후 구멍이 뽕뽕 생기면, 뒤집어서 1분간 더 굽는다. 나머지도 같은 방법으로 굽는다.

_ 사이토 마키

참을 수 없는 초콜릿의 달콤함

초콜릿 팬케이크

분량 4장분

재료 팬케이크 믹스 200g, 달걀 1개, 우유 140ml, 초콜릿 50g

1 볼에 달걀을 풀고, 우유, 팬케이크 믹스 순서로 넣어 거품기로 섞은 후, 마지막에 초콜릿을 넣어 섞는다.
2 수지가공된 프라이팬을 중불로 달군 후, 바닥 부분을 젖은 행주에 올려 식힌 다음 다시 약불에 올린다. 반죽 한 국자를 넣어 굽는다. 3분간 구운 후, 구멍이 뽕뽕 생기면 뒤집어서 1분간 더 굽는다. 나머지도 같은 방법으로 굽는다.

_ 사이토 마키

우유 대신 두유로 만든 **두유 팬케이크**

분량   4장분

재료   팬케이크 믹스 200g, 달걀 1개,
두유 140ml, 완두콩 졸임(시판
용) 적당량

1 볼에 달걀을 풀고, 두유, 팬케이크 믹스 순서로 넣어 거품기로 섞는다.

2 수지가공된 프라이팬을 중불로 달군 후, 바닥 부분을 젖은 행주에
올려 식힌 다음 다시 약불에 올린다. 반죽 한 국자를 넣어 굽는다.
3분간 구운 후 구멍이 뿅뿅 생기면 뒤집어 1분간 더 굽는다. 나머지
도 같은 방법으로 굽는다.

3 접시에 담고, 완두콩 졸임을 토핑으로 올린다.

_ 사이토 마키

파인애플을 올려 하와이 스타일로 **파인애플 팬케이크**

분량 2장분

재료 팬케이크 믹스 100g, 달걀물
1/2개분, 우유 70ml, 파인애플
(5mm 두께의 링) 2장, 생크림
100ml, 설탕 20g

1 파인애플은 껍질을 벗기고, 가운데 부분을 둥근 모양 틀로 찍어낸다.
볼에 달걀물, 우유, 팬케이크 믹스 순서로 넣어 섞는다.

2 수지가공된 프라이팬을 중불로 달군 후 바닥 부분을 젖은 행주에 올
린다. 가운데에 파인애플을 올리고 위에 반죽의 1/2을 붓는다.

3 다시 약불에 올려 3분 정도 구운 후, 구멍이 뿡뿡 생기면 뒤집어 1분
간 더 굽는다. 다른 1장도 같은 방법으로 굽는다.

4 접시에 담고, 생크림에 설탕을 넣고 80% 정도 거품을 내어 곁들인다.
민트가 있으면 장식한다.

_ 사이토 마키

TIP 파인애플은 취향에 따라 통조림을 사용해도 좋다.

PLUS RECIPE

**팬케이크는
달걀 없이도 만들 수 있다!**

달걀을 넣지 않을 경우, 팬케이
크 믹스 200g당 우유 180ml가
기준이 된다. 달걀을 넣지 않으
면 산뜻하고 가벼운 맛으로 완
성된다. 알레르기가 있는 경우,
팬케이크 원재료에 달걀이 포
함되었는지 여부를 확인해서
만들면 좋다.

진한 초콜릿의 맛
더블초콜릿 팬케이크

분량 직경 약 10cm · 12장분

재료 팬케이크 믹스 150g, 달걀 1개, 우유 110ml, 코코아파
우더 1.5큰술, 판초콜릿 1장

1 팬케이크 믹스 봉지에 코코아파우더를 넣고, 가
볍게 섞는다. 판초콜릿은 잘게 잘라둔다.

2 볼에 달걀을 넣고 거품기로 저은 후, 우유와 1의
팬케이크 믹스를 넣는다. 가루 느낌이 없어질 때
까지 섞은 후 판초콜릿을 넣는다.

3 수지가공된 프라이팬에 약간의 식용유(분량 외)
를 둘러 달군 후, 키친타월로 닦아낸다. 전체가
고르게 달궈지면 큰 스푼으로 2를 넣고, 뚜껑을
덮어 약한 중불로 굽는다. 표면에 구멍이 뽕뽕 생
기면 뒤집은 후, 다시 뚜껑을 덮는다. 가운데가 보
송하게 부풀 때까지 굽는다.

_ 이시자와 기요미

TIP 코코아파우더는 팬케이크
믹스 봉지에 직접 넣어 스푼으
로 섞으면 편하다.

진한 단맛의 흑설탕과 바나나의 만남
바나나&흑설탕 팬케이크

분량 3장분

재료 팬케이크 믹스 150g, 달걀 1개, 우유 100ml, 바나나
1/2개(80g), 흑설탕(덩어리) 30g

1 볼에 바나나를 넣고 포크로 가볍게 으깬다. 달걀
을 넣고 거품기로 섞은 후, 우유와 팬케이크 믹스
를 넣는다. 가루 느낌이 없어질 때까지 잘 섞는다.

2 수지가공된 프라이팬에 약간의 식용유(분량 외)
를 둘러 달군 후, 키친타월로 닦아낸다. 전체가
고르게 달궈지면, 반죽의 1/3을 부은 후, 거칠게
부순 흑설탕을 반죽 위에 뿌린다. 뚜껑을 덮고
약한 중불로 굽는다. 표면에 구멍이 뽕뽕 생기면
뒤집어 뚜껑을 다시 덮는다. 가운데가 보송하게
부풀 때까지 굽는다. 접시에 담고, 취향에 따라
바나나(분량 외)를 곁들인다.

_ 이시자와 기요미

우둑우둑 씹히는 캐러멜이 일품 캐러멜 너츠 팬케이크

분량 작은 사이즈 6장분

재료 팬케이크 믹스 150g, 달걀 1개, 우유 100㎖,
호두(1㎝ 크기) 50g, 그래뉴당 4큰술, 버터
1/2큰술

1 캐러멜 너츠를 만든다. 수지가공된 프라
이팬을 중불로 달구고, 그래뉴당을 넣어
흔들어가며 녹인다. 색이 나기 시작하면
호두를 넣고 전체적으로 버무린다. 불을
끄고 버터를 넣어 잔열로 녹이면서 섞
는다. 접시에 꺼내 식힌 후, 먹기 좋은 크
기로 자른다.

2 볼에 달걀을 넣고 거품기로 젓는다. 우
유와 팬케이크 믹스를 넣고 가루 느낌이
없어질 때까지 잘 섞는다. 1의 캐러멜 너
츠 중 장식용을 남기고 나머지를 모두
넣는다.

3 수지가공된 프라이팬에 약간의 식용유
(분량 외)를 둘러 달군 후, 키친타월로 닦
아낸다. 전체가 고르게 달궈지면 국자의
반 정도의 반죽을 부은 후, 뚜껑을 덮고
약한 중불로 굽는다. 표면에 구멍이 뿅
뿅 생기면 뒤집어 뚜껑을 덮는다. 가운
데가 보송하게 부풀 때까지 굽는다. 접시
에 담고, 장식용 캐러멜 너츠를 뿌린다.

_ 이시자와 기요미

POINT 버터는 반드시 마지막
에 넣는다. 식은 캐러멜 너츠는
손으로 간단하게 자를 수 있다.

생딸기를 넣어 산뜻한 **딸기 팬케이크**

분량 4~6장분

재료 팬케이크 믹스 200g, 달걀 1개, 우유 150ml,
식용유, 딸기 5~7개, 밀가루 적당량

1 딸기는 꼭지를 떼고, 작은 크기로 자른
후 밀가루를 묻힌다.

2 볼에 달걀을 풀고, 우유, 팬케이크 믹스
순서로 넣어 거품기로 섞는다. 1을 넣고
가볍게 섞는다.

3 프라이팬에 약간의 식용유를 두른 후,
반죽 한 국자를 넣어 양면을 노릇하게
굽는다. 접시에 담고 취향에 따라 딸기
버터를 곁들이거나 시럽을 뿌려낸다.

_ 도미타 세쓰코

TIP 딸기를 잘라 밀가루를 가
볍게 묻혀두면, 수분이 나오지
않고 반죽과 잘 섞인다.

PANCAKE RECIPE
10

호박의 단맛을 살린
단호박 팬케이크

분량 3~4장분

재료 팬케이크 믹스 150g, 달걀 1개, 우유 60ml, 단호박(씨와 속 제거) 80g, 꿀 혹은 메이플 시럽

1 단호박은 한입 크기로 잘라 랩으로 감싼 후, 전자레인지(500W)로 2분간 가열한다. 부드럽게 되면 볼에 넣고 껍질째 포크로 으깬다.

2 1에 달걀을 넣고 거품기로 섞는다. 우유와 팬케이크 믹스를 넣어 가루 느낌이 없어질 때까지 잘 섞는다.

3 수지가공된 프라이팬에 약간의 식용유(분량 외)를 둘러 달군 후, 키친타월로 닦아낸다. 전체가 고르게 달궈지면 국자 80% 양의 반죽을 넣고, 뚜껑을 덮어 약한 중불로 굽는다. 표면에 구멍이 뽕뽕 생기면 뒤집어 뚜껑을 다시 덮는다. 가운데가 보송하게 부풀 때까지 굽는다. 꿀이나 메이플 시럽을 뿌린다.

_ 이시자와 기요미

PANCAKE RECIPE
11

고구마와 고소한 참깨의 만남
고구마&참깨 팬케이크

분량 4장분

재료 팬케이크 믹스 200g, 달걀 1개, 우유 140~150ml, 고구마 150g, 참깨 가루 3큰술, 꿀 혹은 메이플 시럽

1 고구마는 껍질째 7~8mm 크기로 깍둑썬 후 삶는다.

2 볼에 달걀을 넣어 거품기로 저은 후 우유, 팬케이크 믹스, 참깨를 넣고 가루 느낌이 없어질 때까지 잘 섞은 다음 1을 넣는다.

3 수지가공된 프라이팬에 약간의 식용유(분량 외)를 둘러 달군 후, 키친타월로 닦아낸다. 전체가 고르게 달궈지면 국자 80% 양의 반죽을 넣고 뚜껑을 덮어 약한 중불로 굽는다. 표면에 구멍이 뽕뽕 생기면 뒤집어 뚜껑을 다시 덮는다. 가운데가 보송하게 부풀 때까지 굽는다. 꿀이나 메이플 시럽을 뿌린다.

_ 이시자와 기요미

말차와 아마낫토를 넣은 일본 스타일 말차&아마낫토 한입 팬케이크

분량 작은 사이즈 12장분

재료 팬케이크 믹스 150g, 달걀 1개, 우유 100ml,
말차(또는 분말차) 2작은술, 아마낫토*
80g

1 팬케이크 믹스 봉지에 말차를 넣고
스푼으로 가볍게 섞는다.

2 볼에 달걀을 넣고 거품기로 저은 후,
우유와 1의 팬케이크 믹스를 넣는다.
가루 느낌이 없어질 때까지 잘 섞은
후, 아마낫토를 넣고 가볍게 섞는다.

3 수지가공된 프라이팬에 약간의 식용
유(분량 외)를 둘러 달군 후, 키친타월
로 닦아낸다. 전체가 고르게 달궈지
면 **2**를 큰 스푼으로 떠 넣는다. 뚜껑
을 덮어 약한 중불로 구워, 표면에 구
멍이 뽕뽕 생기면 뒤집은 후 뚜껑을
다시 덮는다. 가운데가 보송하게 부풀
때까지 굽는다.

_ 이시자와 기요미

● 아마낫토(甘納豆) : 삶은 콩이나 팥을 꿀물에
졸여 설탕에 버무린 과자.

일상적인 팬케이크에 또 하나의 맛을 더해보자. 반죽에 새로운 재료를 넣는 것만으로 맛과 식감에 변화를 주는 다양한 팬케이크 레시피를 만들 수 있다.

※ 13쪽 플레인 팬케이크의 양을 기준으로 한다.

_ 시모사코 아야미

홍차

홍차 티백 2개의 잎을 꺼내 넣는다.

럼레이즌●

럼레이즌 40g을 물기를 제거하여 넣는다.

그래놀라●●

취향에 맞는 그래놀라 30g을 넣는다.

시나몬

시나몬 1작은술을 넣는다.

흑임자

흑임자 가루 3큰술을 넣는다.

콩가루

콩가루 2큰술을 넣는다.

● 럼레이즌 : 럼에 절인 건포도.
●● 그래놀라(Granola) : 건포도 등 말린 과일이 섞인 시리얼 식품.

코코넛

코코넛 롱 30g을 넣는다.

피자치즈

피자치즈 40g을 넣는다.

치즈가루

치즈가루 3큰술을 넣는다.

아몬드

아몬드 30g을 다져 넣는다.

오렌지필

오렌지필 30g을 5mm 크기로 깍둑썰어 넣는다.

크림치즈

크림치즈 40g(덩어리일 경우 5mm~1cm로 깍둑썬다)을 넣는다.

파인애플 & 코코넛

파인애플(통조림) 1장 반(5mm~1cm로 깍둑썬다)과 코코넛 롱 20g을 넣는다.

토마토 & 바질

토마토페이스트 2큰술과 다진 생바질 잎 6장분을 넣는다.

카레 & 옥수수

카레가루 1작은술과 옥수수(통조림) 40g을 넣는다.

플레인&코코아 반죽으로 만든 표정 팬케이크 **이색 팬케이크**

분량 중간 사이즈 8장분
재료 팬케이크 믹스 200g, 달걀 1개, 우유 150ml,
코코아파우더 1/2큰술, 식용유

1 볼에 달걀을 넣고 거품기로 저은 후, 우
유, 팬케이크 믹스 순서로 넣어가며 거
품기로 섞는다. 반죽의 1/2은 다른 볼에
옮겨 담은 후 코코아파우더를 차 거름망
으로 체를 쳐서 넣은 다음 섞는다.

2 2가지 반죽의 1/4씩 도톰한 비닐봉지에
각각 넣고, 끝부분을 약간 잘라낸다.

3 프라이팬에 약간의 식용유를 둘러 달군
후, 원하는 표정이 되도록 2로 그린다.
약간 건조되면 다른 색의 반죽을 그 위
에 동그랗게 부어 양면을 노릇하게 굽는
다. 나머지도 같은 방법으로 굽는다.

_ 구로키 유코

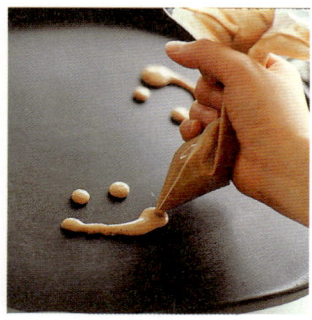

TIP 비닐봉지의 끝부분을 약간 잘
라 가는 선으로 그린다. 마르면 나머
지 반죽을 동그랗게 올려 굽는다.

플레인&코코아 반죽의 응용 버전
동물 모양 팬케이크

처음에 코코아 반죽으로 귀, 눈 모양을 그린 후, 단단하게 구워지면 플레인 반죽이 약간 겹쳐지도록 올려, 동물 모양이 되도록 굽는다. 따뜻할 때 작게 자른 드라이 프루츠나 초콜릿으로 얼굴 모양을 만든다.

_ 이시자와 기요미

**초콜릿&슈가파우더
&토핑슈가로 장식한**
얼굴 팬케이크

종이에 동그라미를 그린 후 잘라낸다. 구운 팬케이크의 볼 부분에 종이를 올리고 슈가파우더를 뿌린 후 떼어낸다. 초콜릿으로 눈, 입, 머리 부분을 그리고, 입꼬리에 토핑슈가를 올려 얼굴 모양을 만든다.

_ 시모사코 아야미

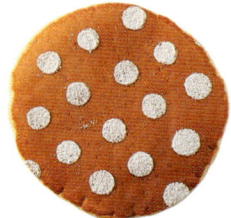

슈가파우더로 모양낸
도트&줄무늬 팬케이크

종이에 도트 또는 줄무늬 모양을 그리고 잘라낸다. 구운 팬케이크에 종이를 올리고 위에 슈가파우더를 뿌린다. 종이를 조심스럽게 걷어낸다.

_ 시모사코 아야미

시간을 두고 구운
별&하트 팬케이크

둥근 깍지를 낀 짤주머니에 팬케이크 반죽을 넣고 별 모양, 하트 모양 등으로 짜서 굽는다. 노릇하게 색이 들면, 나머지 반죽을 동그랗게 부어 다시 굽는다.

_ 시모사코 아야미

*짜서 굽는 것만으로도
귀여운 모양의 팬케이크 완성!*

PANCAKE RECIPE
••••••••••••
14

구운 사과로 맛을 낸

시나몬애플 팬케이크

분량 중간 사이즈 2장분

1 사과 1/4개는 껍질째로 2cm 크기로 깍둑썰어 식용유 적당량을 두른 프라이팬에서 가볍게 굽는다.

2 플레인 반죽 2국자에 1을 넣어 섞는다.

3 달군 프라이팬에 식용유를 약간 두르고, 2의 1/2을 넣은 후 양면을 노릇하게 굽는다. 접시에 담고, 시나몬슈가 혹은 꿀을 뿌린다.

_ 구로키 유코

PANCAKE RECIPE
••••••••••••
15

아마낫토로 촉촉하게 만든

콩&시럽 팬케이크

분량 중간 사이즈 2장분

1 플레인 반죽 2국자에 아마낫토(믹스) 60g을 넣어 섞는다.

2 달군 프라이팬에 식용유를 약간 두르고, 1의 1/2을 넣은 후 양면을 노릇하게 굽는다. 접시에 담고, 쿠로미츠●(또는 흑설탕 시럽)를 뿌린다.

_ 구로키 유코

● 쿠로미츠(黒みつ) : 흑설탕을 녹인 진한 액체.

PANCAKE RECIPE

16

너츠의 고소함이 식욕을 돋우는

더블피넛 팬케이크

분량 중간 사이즈 2장분

1 구운 땅콩 50g을 굵게 다져, 코코아 반죽 2국자
   에 넣어 섞는다.
2 달군 프라이팬에 식용유를 약간 두르고, 1의 1/2
   을 넣은 후 양면을 노릇하게 굽는다. 접시에 담
   고, 피넛크림을 올린다.

_ 구로키 유코

PANCAKE RECIPE

17

익은 바나나의 진한 맛

초코&바나나 팬케이크

분량 중간 사이즈 2장분

1 바나나 1/2개를 7~8mm 두께로 썬다.
2 달군 프라이팬에 식용유를 약간 두르고, 썰어놓
   은 1/2개의 바나나를 올린다. 코코아 반죽의 1/2
   을 올린 후 양면을 노릇하게 굽는다. 접시에 담고,
   메이플 시럽을 뿌린다.

_ 구로키 유코

팬케이크 사이를 채운 색다른
샌드 팬케이크

PANCAKE RECIPE
18

시원한 아이스크림이 쏙! 아이스샌드 케이크

분량 5개분

재료 팬케이크 믹스 100g, 달걀물
1/2개분, 우유 70ml, 취향에
맞는 아이스크림(스트로베리,
초코민트 등)

1 볼에 달걀물과 우유를 넣어 섞은 후, 팬케이크 믹스를 넣어 거품기로
섞는다.

2 수지가공된 프라이팬을 중불로 달구고, 젖은 행주 위에 올린 후 다시
약불에 올린다. 반죽을 직경 7~8cm 크기로 동그랗게 올린다. 3분간
구워 구멍이 뽕뽕 생기면 뒤집어 1분간 더 굽는다. 총 10장을 구워
한 김 식힌다.

3 2장을 하나로 구성하고 아이스크림을 사이에 넣는다.

_ 사이토 마키

28

치즈의 산미와 복숭아의 상큼한 단맛 **치즈크림샌드 케이크**

분량 4~5개분

재료 팬케이크 믹스 100g, 달걀 1개,
우유 50ml, 식용유 약간, 황도
(통조림) 1개분, 크림치즈(상온에
둔다) 100g, 설탕 3큰술

1 볼에 달걀을 풀고, 우유, 팬케이크 믹스 순서로 넣어가며 거품기로 섞
는다.

2 달군 프라이팬에 식용유를 약간 두른 후, 반죽을 직경 6~7cm 크기
로 동그랗게 올려 양면을 노릇하게 굽는다. 총 12~15장을 구워 한 김
식힌다.

3 크림치즈를 부드럽게 저은 후, 설탕을 넣어 섞는다. 황도는 1cm 크기
로 깍둑썬 후 물기를 제거한다.

4 구워놓은 팬케이크 3장을 하나로 하여 3을 사이에 넣는다.

_ 구로키 유코

층층이 팬케이크를 쌓은

타워 팬케이크

PANCAKE RECIPE
20

삐뚤빼뚤하게 겹치는 것이 포인트 치즈 타워케이크

분량 2개분

재료 팬케이크 믹스 100g, 달걀물 1/2개분, 우유 70ml, 마멀레이드 30g, 크림치즈(상온에 둔다) 50g

1. 볼에 달걀물과 우유를 넣어 거품기로 섞은 후, 팬케이크 믹스를 넣어 거품기로 섞는다. 마지막에 마멀레이드를 넣어 섞는다.

2. 수지가공된 프라이팬을 중불로 달구고, 젖은 행주 위에 올린 후 다시 약불에 올린다. 반죽의 1/2을 넣어 굽는다. 표면에 구멍이 뽕뽕 생기면 뒤집어 1분간 더 굽는다. 나머지 1장도 같은 방법으로 굽는다.

3. 1장을 6등분하고 크림치즈를 발라 겹친다. 나머지 한 장도 같은 방법으로 만든다.

_ 사이토 마키

30

이벤트에 좋은 대형 타워케이크 **초코 타워케이크**

분량 큰 사이즈 1개분

재료 팬케이크 믹스 400g, 달걀 2개, 우유 300ml, 식용유, 초콜릿 시럽(시판품) 70g, 아몬드프랄리네* 50g, 코코아파우더 약간

1 볼에 달걀을 풀고, 우유, 팬케이크 믹스 순서로 넣어가며 거품기로 섞는다.

2 달군 프라이팬에 식용유를 약간 두른 후, 반죽을 직경 12cm 크기로 동그랗게 부어 양면을 노릇하게 굽는다. 다 구워지면 정사각형(총 10~12장)으로 자른다.

3 접시에 2를 1장 올리고 초콜릿 시럽을 바른다. 아몬드프랄리네를 약간 뿌린 후 다시 한 장을 다른 방향으로 올려 같은 방법으로 계속 겹쳐 올린다.

4 가장 윗부분에 차 거름망으로 코코아파우더를 뿌린다.

_ 히로사와 교코

● 아몬드프랄리네(Praline) : 아몬드 등의 견과류에 캐러멜을 입힌 것.

모양을 찍어 완성하는
모양 틀 팬케이크

PANCAKE RECIPE
22

모양 틀에 찍어낸 샌드 팬케이크 **하트샌드 팬케이크**

분량 7개분

재료 팬케이크 믹스 100g, 달걀물
1/2개분, 우유 90ml, 피넛크림
(시판품)

1 볼에 달걀물과 우유를 넣어 거품기로 섞은 후, 팬케이크 믹스를 넣어
거품기로 섞는다.

2 수지가공된 프라이팬을 중불로 달구고, 젖은 행주 위에 올린 후 다시
약불에 올린다. 반죽의 1/2을 넣어 3분간 구워 표면에 구멍이 뿅뿅
생기면 뒤집어 1분간 더 굽는다. 나머지 1장도 같은 방법으로 굽는다.

3 하트 모양 틀로 찍은 후, 2장 사이에 피넛크림을 넣는다.

_ 사이토 마키

플레인과 코코아의 깜찍한 조합 더블하트 팬케이크

분량 4장분

재료 [플레인] 팬케이크 믹스 100g, 달걀물
1/2개분, 우유 70ml

[코코아] 팬케이크 믹스 100g, 코코아
파우더 1/2큰술, 달걀물 1/2개분, 우유
70ml

1 플레인 반죽을 만든다. 볼에 달걀물
과 우유를 넣고 거품기로 섞은 후, 팬
케이크 믹스를 넣어 거품기로 섞는다.
수지가공된 프라이팬을 중불로 달구
고, 젖은 행주 위에 올린 후 다시 약
불에 올린다. 반죽의 1/2을 넣어 3분
간 구워 표면에 구멍이 뽕뽕 생기면
뒤집어 1분간 더 굽는다. 나머지 1장
도 같은 방법으로 굽는다.

2 코코아 반죽을 만든다. 볼에 팬케이
크 믹스를 넣은 후, 코코아파우더를
차 거름망으로 체를 쳐서 넣고, 전체
적으로 섞는다. 우유, 달걀물 순서로
넣어 잘 섞는다. 플레인 반죽와 같은
방법으로 2장 굽는다.

3 1,2의 가운데를 하트 모양 틀(큰 사이
즈)로 찍고 플레인 반죽과 코코아 반
죽을 반대로 끼워 넣는다.

_ 사이토 마키

눈으로도 즐기는
데코 팬케이크

크림과 시럽에 절인 프루츠가 가득한
프루츠 팬케이크

분량 4인분

재료 키르슈* 2큰술, 레몬즙 1큰술, 설탕 1큰술, 포도 10알, 배 1개, 감 1개, 생크림 100㎖, 설탕 1큰술, 팬케이크 12장(작은 사이즈)

1 냄비에 키르슈, 레몬즙, 설탕을 넣고 가볍게 끓여 시럽을 만든다. 포도, 배, 감을 한입 크기로 잘라 넣고, 냉장고에서 식힌다.

2 생크림과 설탕을 섞어 거품을 낸다.

3 접시에 팬케이크를 3장 올린 후, 1의 프루츠와 2를 올린다. 민트가 있으면 넣어 장식한다.

_「코모」모델 미야마 가야노

● 키르슈(Kirschwasser) : 체리로 만든 리큐어.

PANCAKE RECIPE
25

PANCAKE RECIPE
26

폭신한 휘핑크림을 듬뿍 올린

초코휘핑&마시멜로 팬케이크

별 모양으로 귀엽게 담은

별케이크

분량 2인분

재료 생크림 100ml, 초콜릿 소스(시판품) 2큰술, 그래뉴당 1작은술, 바나나 1개, 마시멜로 7개, 팬케이크 2장

분량 1인분

재료 생크림 100ml, 설탕 10g, 취향에 맞는 프루츠(딸기, 사과, 키위 등) 적당량, 팬케이크 1장(중간 사이즈)

1 생크림과 초콜릿 소스를 볼에 넣은 후, 볼을 얼음물에 받쳐 70~80% 정도 거품을 낸다.

2 바나나는 링 모양으로 썰고, 마시멜로는 이등분 한다.

3 팬케이크를 접시에 담고 1과 마시멜로를 골고루 올린 후 바나나를 곁들인다.

_ 시모사코 아야미

1 팬케이크는 5등분하여 별 모양이 되도록 접시에 담는다.

2 프루츠는 먹기 좋은 크기로 자르고, 취향에 맞는 모양 틀로 찍는다.

3 볼에 생크림과 설탕를 넣어 뾰족하게 설 정도로 거품을 낸다. 1의 곳곳에 짜 넣고 2를 올려 장식한다.

_ 사이토 마키

PANCAKE RECIPE

27

입안에서 사르르 녹는

휘핑크림&잼 팬케이크

분량 2인분
재료 생크림 100ml, 그래뉴당 10g, 딸기잼, 슈가파우더, 민
트 조금, 팬케이크 2장

1 생크림과 그래뉴당을 볼에 넣은 후 볼을 얼음물
에 받쳐 70~80% 정도로 거품을 낸다.
2 딸기잼은 스푼으로 섞어 부드럽게 만든다.
3 팬케이크를 접시에 담고, 슈가파우더를 뿌린다. 1,
2 순서로 골고루 올린 후 취향에 따라 민트로 장
식한다.

_ 시모사코 아야미

PANCAKE RECIPE

28

한입에 먹을 수 있는

크림 팬케이크

분량 만들기 쉬운 분량
재료 생크림 250ml, 그래뉴당 25g, 토핑슈가, 팬케이크(직
경 5cm) 25장

1 생크림과 그래뉴당을 볼에 넣은 후 볼을 얼음물
에 받쳐 70~80% 정도로 거품을 낸다.
2 별 모양 깍지를 낀 짤주머니에 1을 넣고, 식은 팬
케이크 위에 소용돌이 모양으로 짜 올린 후 토핑
슈가로 장식한다. 나머지도 같은 방법으로 만든다.

_ 시모사코 아야미

PANCAKE RECIPE

29

식어서 단단해진 초콜릿의 식감이 좋은

아이스&초콜릿 팬케이크

분량 1인분

1 초콜릿을 중탕으로 녹인다.
2 팬케이크를 접시에 담고 딸기아이스크림을 올린
   다. 1을 스푼을 이용해 소용돌이 모양으로 그린
   후, 다진 호두를 뿌린다.

_ 시모사코 아야미

PLUS RECIPE

럼레이즌 아이스를 곁들이면, 어른
들이 좋아하는 맛이 된다.

PANCAKE RECIPE

30

시크한 어른 스타일

초콜릿&너츠 팬케이크

분량 1인분

팬케이크를 접시에 담고 초콜릿 소스(시판품)를 지그
재그로 짠 후 다진 아몬드를 뿌린다.

_ 시모사코 아야미

집에서 즐기는 카페의 인기 메뉴

카페풍 빵케이크

몇 장이라도 먹을 수 있는 가벼운 식감 플레인 빵케이크

분량 직경 11cm · 6장분

재료 팬케이크 믹스 150g, 달걀 1개,
우유 120ml, 플레인 요거트
50g, 슈가파우더, 생크림, 메
이플 시럽

1 볼에 달걀을 풀고, 요거트, 우유 순서로 넣어가며 거품기로 섞는다.

2 1에 팬케이크 믹스를 넣고 섞는다. 약간의 덩어리가 있어도 상관없으
므로 너무 많이 섞지 않도록 한다.

3 수지가공된 프라이팬을 중불로 달군 후, 젖은 행주 위에 올린다. 2의
1/6을 올리고 뚜껑을 덮어 약한 중불에서 1분 30초~2분간 굽는다.

4 표면에 구멍이 뿅뿅 나고 가장자리가 마르면, 뒤집어 1분간 더 굽는
다. 접시에 담고 식지 않도록 랩을 살짝 덮는다. 나머지도 같은 방법
으로 굽는다.

5 4를 접시에 담고 슈가파우더를 뿌린다. 거품을 낸 생크림과 메이플
시럽을 곁들인다.

_ 시모사코 아야미

생크림과 더블베리로 만든 하와이 스타일

크림타워&딸기 빵케이크

분량 2인분

재료 팬케이크 믹스 150g, 달걀 1개,
우유 120ml, 플레인 요거트
50g, 생크림 150ml, 그래뉴당
15g, 딸기, 딸기 소스(시판품)

1 생크림과 그래뉴당을 볼에 넣은 후 볼을 얼음물에 받쳐 70~80% 정도 거품을 낸다.

2 딸기는 세로 방향으로 2~4등분한다.

3 플레인 빵케이크를 만든다(39쪽 참고).

4 접시에 3을 3장씩 담고, 별 모양 깍지를 낀 짤주머니에 1을 넣어 타워 모양으로 짠다. 딸기 소스를 뿌리고 2를 곁들인다.

_ 시모사코 아야미

보송한 스크램블과 바삭한 베이컨을 곁들인
스크램블&베이컨 빵케이크

분량 2인분

재료 팬케이크 믹스 150g, 달걀 1
개, 우유 120ml, 플레인 요거
트 50g, A [달걀 4개, 우유 4
큰술, 소금, 후춧가루], 버터
20g, 베이컨 2장

1 플레인 빵케이크 6장을 만든다(39쪽 참고).

2 프라이팬을 달군 후 베이컨을 바삭하게 구워낸다.

3 볼에 A를 넣어 섞는다.

4 프라이팬에 버터 10g을 중불로 녹인다. 여기에 3의 1/2을 넣는다. 가
   장자리가 보글거리면 나무 주걱으로 재빨리 섞어 반숙 상태의 스크
   램블을 만든다. 나머지도 같은 방법으로 만든다.

5 1을 3장씩 접시에 담고 2와 4를 곁들인다. 취향에 따라 어린잎 채소
   와 방울토마토를 곁들인다.

_ 시모사코 아야미

PLUS RECIPE

메이플 시럽을 뿌려 먹어도 좋
다. 달달하고 짭짤한 맛의 밸런
스에 중독된다!

입안에서 사르르 녹는 **리코타 빵케이크**

분량 8장분

재료 팬케이크 믹스 100g, 달걀 2개,
우유 80ml, 리코타치즈 100g,
바나나(어슷썰기), 메이플 시럽,
버터 60g, 꿀 1큰술

1 볼에 달걀흰자와 달걀노른자를 각각 분리해 넣는다.

2 달걀노른자를 넣은 볼에 우유와 리코타치즈를 넣고 거품기로 섞는다.
이어 팬케이크 믹스를 넣어 섞는다.

3 달걀흰자는 거품기로 저어 머랭을 만든다. 1/2을 2에 넣어 가볍게 섞
는다.

4 프라이팬을 중불로 달군 후 버터를 10g 넣는다. 버터가 녹으면 반죽
1국자를 동그랗게 올린다.

5 약불로 노릇하게 구운 후, 뚜껑을 덮어 1분 더 구워 속까지 모두 익힌
다. 프라이팬을 키친타월로 닦아낸 후, 나머지도 같은 방법으로 굽는
다.

6 접시에 빵케이크를 담고, 버터 50g과 꿀을 잘 섞어 올리고 바나나를
곁들인다. 취향에 따라 메이플 시럽을 뿌린다.

_ 단노 마리코

오렌지 향으로 리치하게 **오렌지 빵케이크**

분량 8장분

재료 팬케이크 믹스 200g, 달걀 1
개, 우유 200ml, 식용유, 오렌
지 2개, 꿀 4큰술

1 오렌지는 껍질을 벗긴 후, 과육의 얇은 껍질과 씨를 제거한다. 과육의
   1/2을 작은 크기로 잘라 꿀과 함께 섞어 소스를 만든다.

2 볼에 달걀을 풀고 우유, 팬케이크 믹스 순서로 넣어가며 거품기로 섞
   는다.

3 달군 프라이팬에 식용유를 약간 두른 후, 가운데에 오렌지를 올린다.
   그 위에 반죽 1국자 올려 양면을 노릇하게 굽는다. 나머지도 같은 방
   법으로 굽는다.

4 접시에 담고 소스를 뿌린다.

_ 오기타 히사코

너츠 소스를 뿌린 아메리칸 스타일 마카다미아너츠 빵케이크

분량 8장분

재료 팬케이크 믹스 200g, 달걀 1개, 우유 100ml, 녹은 버터 20g, [소스] 마카다미아너츠 30g, 버터 1/2큰술, 박력분 1큰술, 우유 100ml, 생크림 100ml, 설탕 1큰술, 연유 1/2큰술, 레몬즙 1/2작은술

1 볼에 달걀을 풀고, 우유 100ml를 넣어 잘 섞는다. 팬케이크 믹스를 2~3회에 나눠 넣고 섞는다. 녹은 버터를 넣고 가볍게 섞는다.

2 수지가공된 프라이팬을 중불로 달군 후, 반죽을 3큰술 올려 굽는다. 표면에 구멍이 뽕뽕 생기면 뒤집어 굽는다. 나머지도 같은 방법으로 구워 접시에 담는다.

3 너츠를 두들겨 부순 후 살짝 볶는다.

4 냄비에 버터를 넣고 약불로 녹인 후, 박력분을 넣어 촉촉하게 볶는다. 우유를 2~3회에 나눠 넣고 젓는다. 농도가 생기면 1분간 더 끓인다. 불에서 내려 식힌다.

5 볼에 생크림과 설탕을 넣어 80% 정도 거품을 낸 후 식은 4에 넣는다. 연유, 레몬즙, 너츠를 넣어 섞는다. 2에 뿌린다.

_ 미나쿠치 나호코

PANCAKE RECIPE

37

에피타이저 같은 새콤달콤함

피자풍 허니 빵케이크

분량 직경 28cm · 1장분
재료 팬케이크 믹스 200g, 올리브오일 2큰술, 물 180ml, 카
망베르치즈 1개, 생햄 적당량, 꿀

1 볼에 팬케이크 믹스, 올리브오일, 물을 넣고 잘
   섞는다.
2 수지가공된 프라이팬을 중불로 달군 후, 젖은 행
   주 위에 올려 한 김 식힌다. 약불에서 1을 올려
   굽는다. 표면에 구멍이 뽕뽕 생기면 뒤집어 노릇
   하게 굽는다.
3 2를 접시에 담고 따뜻할 때, 알맞은 크기로 자른
   치즈와 생햄을 올린다. 꿀을 뿌리고, 취향에 따라
   딜을 올린다.

_「코모」 모델 후카야 사와

PANCAKE RECIPE

38

잊을 수 없는 달콤함

마시멜로크림 빵케이크

분량 4인분
재료 팬케이크 믹스 200g, 달걀 1개, 우유 200ml, 코코아
1큰술, 마시멜로 20개, 시나몬

1 볼에 팬케이크 믹스, 달걀, 우유, 코코아를 넣어
   잘 섞는다.
2 수지가공된 프라이팬을 중불로 달구고, 젖은 행
   주 위에 올려 한 김 식힌다. 약불에서 1을 동그란
   모양이 되도록 올려 얇게 굽는다. 나머지도 같은
   방법으로 굽는다. 구운 빵케이크를 접시에 겹쳐
   담는다.
3 마지막 장을 구울 때 마시멜로를 올리고 뚜껑을
   덮어 크림 상태로 살짝 녹인다. 2의 빵케이크 위
   에 올리고 시나몬을 뿌린다.

_「코모」 모델 미카사 마유

작은 빵케이크를 겹겹이 올린 **프루츠 미니 빵케이크**

분량 직경 7cm · 30장분

재료 팬케이크 믹스 125g, 달걀 1개, 플레인 요거트 100g, 우유 150ml, 식용유, 라즈베리, 블루베리, 키위 1개, 바나나 1/2개, 메이플 시럽

1 볼에 달걀을 풀고, 플레인 요거트와 우유를 넣어 거품기로 잘 섞는다. 이어 팬케이크 믹스를 넣고 잘 섞는다.

2 달군 프라이팬에 식용유를 약간 두르고, 국자 1/2의 반죽을 올려 양면을 노릇하게 굽는다. 나머지도 같은 방법으로 굽는다.

3 키위와 바나나는 깍둑썬다.

4 구운 팬케이크를 접시에 겹쳐 올리고, 3과 라즈베리, 블루베리를 올린 후 메이플 시럽을 뿌린다.

_ 구로카와 유코

경단 느낌으로 재미있게 구운 **두유&콩가루 빵케이크**

분량 8개분

재료 팬케이크 믹스 200g, 달걀 1개, 두유(무가당) 200ml, 콩가루, 설탕

1 팬케이크 믹스에 콩가루 3큰술을 넣고 가볍게 섞는다.

2 볼에 달걀을 풀고, 두유와 1을 넣어 부드럽게 섞는다.

3 수지가공된 프라이팬을 중불로 달구고, 젖은 행주에 올려 식힌다. 중불에서 2를 큰 스푼으로 올린다. 뚜껑을 덮어 양면을 노릇하게 굽는다. 나머지도 같은 방법으로 굽는다.

4 3을 접시에 담고, 콩가루와 설탕을 동량으로 섞어 뿌린다.

_ 이시자와 기요미

멋스러운 프랑스 스타일 아보카도&새우 빵케이크 샌드

분량 4인분

재료 팬케이크 믹스 100g, 달걀 1/2개, 우유 100ml, 아보카도 1/2개, 데친 새우 8마리, 상추 적당량

[타르타르 소스] 삶은 달걀 1개, 다진 양파 · 다진 오이 1큰술씩, 마요네즈 4큰술, 굵은 검은 후추, 레몬즙 약간

1 볼에 달걀과 우유를 넣어 거품기로 잘 섞은 후, 팬케이크 믹스를 넣고 부드럽게 섞는다.

2 수지가공된 프라이팬을 중불로 달구고, 젖은 행주 위에 올려 식힌다. 중불에서 국자의 70% 정도의 반죽을 올린다. 약한 중불로 양면을 노릇하게 구워 모두 3장을 만든다.

3 타르타르 소스를 만든다. 삶은 달걀을 굵게 다져 나머지 재료와 섞는다.

4 아보카도는 씨와 껍질을 제거하여 얇게 썬다.

5 빵케이크 1장에 상추, 아보카도, 새우를 올리고 타르타르 소스를 뿌린다. 다시 한 번 같은 순서로 올린 후 빵케이크로 덮는다. 꼬치를 꽂아 고정한 후 4등분한다.

_ 이시자와 기요미

감자를 넣어 쫄깃한 식감 당근&감자 빵케이크

분량   작은 사이즈 10장분

재료   팬케이크 믹스 100g, 우유 100ml, 당근
50g, 감자 50g

1   당근과 감자는 강판이나 푸드프로
세서로 갈아 볼에 넣는다. 우유, 팬케
이크 믹스 순서로 넣으면서 거품기로
섞는다.

2   수지가공된 프라이팬을 중불로 달구
고, 젖은 행주에 올려 식힌다. 약불에
서 작은 크기로 반죽을 올려 굽는다.
3분 후 구멍이 뽕뽕 나면 뒤집어 1분
간 더 굽는다. 나머지도 같은 방법으
로 굽는다.

3   취향에 따라 크림치즈, 호두, 건포도
를 올린다.

_ 호리에 사와코

채소를 넣고 접어 먹는 파슬리&치즈 베지터블 빵케이크

분량 12개분

재료 팬케이크 믹스 200g, 달걀 1개, 우유 200ml, 그린아스파라거스 적당량, 다진 파슬리 2큰술, 피자치즈 50g, 치즈가루 3큰술

1 아스파라거스는 데친 후, 길이를 2~3등분한다.

2 볼에 달걀을 넣고 거품기로 저은 후, 우유를 섞는다. 팬케이크 믹스를 넣고 부드럽게 섞는 후 피자치즈와 파슬리를 넣는다.

3 수지가공된 프라이팬을 중불로 달구고, 젖은 행주에 올려 식힌다. 중불에서 2를 3큰술 올려 양면을 노릇하게 굽는다.

4 3에 1을 올리고 반으로 접어 치즈가루를 뿌린 후 뒤집는다. 뒤집개로 가볍게 눌러 치즈가 녹을 때까지 굽는다. 다시 뒤집은 후 뚜껑을 덮어, 1분간 더 구워 속까지 익힌다. 접시에 담고 취향에 따라 후춧가루를 뿌린다.

_ 이시자와 기요미

후추 향이 돋보이는 햄&옥수수 빵케이크

분량   8~9장분

재료   팬케이크 믹스 150g, 달걀 1개, 우유 150ml, 플레인 요거트 50g, 후추 1/4작은술, 소금 약간, 햄 60g, 옥수수(통조림) 60g

1 햄은 7mm 크기로 깍둑썰고, 옥수수는 물기를 제거해둔다.

2 볼에 달걀을 거품기로 저은 후 우유, 플레인 요거트, 후추, 소금을 넣은 후 팬케이크 믹스도 넣어 부드럽게 섞는다. 1을 넣어 섞는다.

3 수지가공된 프라이팬을 중불로 달구고, 젖은 행주에 올려 식힌다. 중불에서 국자의 60%의 반죽을 올린 후, 약한 중불로 양면을 노릇하게 굽는다. 나머지도 같은 방법으로 굽는다.

4 접시에 담고 취향에 따라 바질을 곁들인다.

_ 이시자와 기요미

다양한 소스 & 딥

뿌려 먹어 즐겁고, 찍어 먹어 더욱 맛이 좋은 소스와 딥.
간식에 제격인 스위트한 맛부터 식사에 잘 어울리는 리치한 맛까지 한데 모았다.

간식류

전자레인지로 순식간에 완성
키위 소스

키위 2개(150g)를 작은 크기로 잘라 내열 용기에 넣는 후
설탕 30g을 뿌려 5분간 그대로 둔다. 랩을 씌우지 않은
채 전자레인지(600W)로 2분간 가열한다.

_ 이시자와 기요미

단맛과 신맛의 훌륭한 밸런스
마멀레이드 요거트 소스

플레인 요거트 50g을 부드러울 때까지 잘 섞는다. 마멀
레이드 50g을 넣고 다시 고르게 섞는다.

_ 이시자와 기요미

은은하게 쌉쌀한 맛
캐러멜 버터 소스

프라이팬에 그래뉴당 50g과 버터 10g을 넣고 가열한다. 가볍게 저으면서 캐러멜색이 될 때까지 끓인다. 물 50ml를 한 번에 넣고(튀므로 주의한다), 부드러워질 때까지 섞는다.

_ 이시자와 기요미

산뜻하고 가벼운 식감
요거트휘핑 소스

볼에 플레인 요거트 100ml, 생크림 100ml, 설탕 2큰술을 넣는다. 거품기로 저어 걸쭉해질 때까지 거품을 낸다.

_ 이시자와 기요미

새콤달콤함이 압권
블루베리 소스

냉동 블루베리 100g은 냉동된 채로 내열 용기에 넣는다. 랩을 씌우지 않고 전자레인지(500W)로 3분간 가열한다. 꿀 1큰술을 넣고 다시 4~5분간 가열한다. 중간중간 상태를 보아가며 2번 정도 섞는다.

_ 이시자와 기요미

홀딱 반한 농후함
화이트초콜릿 딥

1 화이트초콜릿 100g을 잘게 다져 볼에 넣는다.
2 냄비에 생크림 100ml를 넣고 가열한다. 끓기 직전에 불에서 내려 1에 넣고 잘 섞어 초콜릿을 완전히 녹인다.
3 볼을 얼음물에 받쳐 고무 주걱으로 섞는다. 걸쭉해질 때까지 식힌다.

_ 사이토 마키

말차를 넣어도 good!

팥의 식감이 최고
팥 밀크 소스

볼에 삶은 팥 80g, 우유 1큰술, 연유 1작은술을 넣어 잘 섞는다.

_ 시모사코 아야미

딸기 요거트 딥

볼에 생크림 100ml, 플레인 요거트 50g, 딸기잼 30g을 넣고 걸쭉해질 때까지 섞는다.

_ 사이토 마키

모두가 좋아하는 맛
초콜릿 소스

1 비터 초콜릿 60g을 중탕으로 녹인다.
2 작은 냄비에 생크림(유지방 35%) 90ml를 넣고 데운 후, 녹인 초콜릿을 조금씩 넣어가며 섞는다.

_ 사이토 마키

깊고 부드러운 달콤함
연유화이트 크림

볼에 생크림 100ml와 연유 40g을 넣은 후, 볼을 얼음물에 받쳐 거품을 낸다.

_ 시모사코 아야미

알싸한 맛의 어른 입맛
커피화이트 크림

1 인스턴트 커피 1.5작은술을 뜨거운 물 1작은술에 녹여 식힌다.
2 볼에 1과 생크림 100ml, 그래뉴당 10g을 넣은 후, 볼을 얼음물에 받쳐 거품을 낸다.

_ 시모사코 아야미

메이플 크림

볼에 생크림 100ml와 메이플 시럽 40g을 넣은 후, 볼을 얼음물에 받쳐 거품을 낸다.

_ 시모사코 아야미

기분 좋은 새콤함

라즈베리 소스

작은 냄비에 라즈베리(냉동) 100g, 그래뉴당 30g을 넣고 약한 중불에서 섞으면서 끓인다. 마지막에 레몬즙 1작은술을 넣어 섞는다.

_ 시모사코 아야미

럼주를 넣으면 풍미가 up!

진한 단맛의 일본풍 소스

흑설탕 크림 소스

작은 냄비에 생크림 50ml와 흑설탕 50g을 넣고 약불로 끓여, 흑설탕이 녹을 때까지 섞는다.

_ 시모사코 아야미

정성껏 만든 궁극의 소스

체리 소스

1 작은 냄비에 다크체리(통조림) 100g, 통조림 국물 100ml, 그래뉴당 10g을 넣고 약한 중불에서 가열한다.
2 콘스타치 1.5작은술과 다크체리 통조림 국물 1큰술을 섞는다.
3 1이 끓으면 2를 넣고 섞으면서 농도를 낸다. 불을 끄고 레몬즙 1/2작은술을 넣어 섞는다.

_ 시모사코 아야미

부드럽고 농후한 맛
아보카도 딥

1 아보카도 과육 100g은 포크로 으깨고 양파 1/8개는 곱게 다진다.
2 레몬즙 1/2큰술과 마요네즈 1큰술을 1에 넣고 섞는다.

_ 사이토 마키

진한 감칠맛에 만족감 최고
치즈 소스

1 카망베르치즈 1개는 껍질을 제거하고 70g을 만든다.
2 볼에 1, 크림치즈 60g, 물 2큰술, 소금, 후춧가루 약간 씩 넣고, 랩을 씌워 전자레인지(600W)로 1분 30초간 가열한다. 스푼으로 한 번 섞은 후, 다시 전자레인지로 30초간 가열하여 부드럽게 섞는다. 후춧가루로 간을 한다.

_ 시모사코 아야미

오톨도톨한 식감
명란 요거트

명란 1/2덩이는 껍질을 벗기고 마요네즈 3큰술, 플레인 요거트 2큰술과 함께 고르게 섞는다.

_ 사이토 마키

안주로 먹어도 좋은
호두 크림치즈

볼에 크림치즈 50g과 사워크림 20g을 넣고 부드럽게 섞는다. 우유 1큰술을 조금씩 넣어 섞고, 프라이팬에 가볍게 볶은 다진 호두 10g과 굵은 검은 후추를 넣어 섞는다.

_ 시모사코 아야미

참치를 무스로 완성해 폭신한
참치 딥

볼에 참치 50g, 크림치즈 50g, 마요네즈 2작은술, 소금, 굵은 검은 후추 적당량을 넣고 공기를 넣어가며 섞어 부드럽게 완성한다.

_ 시모사코 아야미

한 번 먹으면 중독되는 맛
치즈갈릭 딥

1 크림치즈 100g은 상온에 두어 부드럽게 만든다.
2 강판에 간 마늘 1/3작은술, 잘게 다진 파슬리 1작은술, 후춧가루 약간을 넣어 잘 섞는다.

_ 사이토 마키

버섯 향이 식욕을 부르는
양송이 크림 소스

1 양송이 10개는 5mm 두께로 슬라이스한다. 베이컨 1장은 곱게 다진다.
2 프라이팬에 올리브 오일 2큰술과 얇게 편 썬 마늘 1톨분을 넣고 가열한다. 1을 넣고 소금, 후춧가루 약간씩을 넣어 볶는다.
3 불을 끄고 화이트 소스(시판품) 100g과 우유 2큰술을 넣고 섞은 후, 다시 불에 올려 데운다.

_ 시모사코 아야미

채소에도 잘 어울리는 산뜻함
핫요거트 소스

내열볼에 플레인 요거트 100g, 씨겨자 1작은술, 다진 마늘 1/4톨분을 넣어 섞는다. 전자레인지(600W)로 30초간 돌려 따뜻하게 만든다(너무 가열하면 분리될 수 있으므로 주의한다). 다진 파슬리 1작은술을 넣어 섞는다.

_ 시모사코 아야미

PART 2

···

계속 만들고 싶어지는
매일 간식

찐빵이나 도넛 같은 우리 집 단골 간식은 물론이고, 크레이프, 바움쿠헨 등 카페의 인기 디저트까

지 팬케이크 믹스로 만들 수 있다. 간단하게 만들 수 있을 뿐 아니라 맛도 좋아, 간식 레퍼토리에

넣어도 손색없다.

3가지 재료로 만들 수 있는 **심플 찐빵**

분량 직경 6cm×높이 3cm 유산지
컵 6개분

재료 팬케이크 믹스 100g, 우유 80ml,
식용유 1큰술

1 볼에 팬케이크 믹스와 우유를 넣고 거품기로 부드럽게 섞는다. 식용
유를 넣고 다시 잘 섞는다.

2 내열 용기나 푸딩컵 등에 유산지컵을 넣고, 반죽을 70% 정도까지 균
일하게 넣는다.

3 전자레인지에 3개를 넣고, 물을 담은 작은 볼도 함께 넣는다. 내열 밀
폐 용기를 덮어 전자레인지(600W)로 2분간 가열한다. 나머지도 같은
방법으로 만든다.

4 완성되면 바로 내열 용기에서 유산지컵을 꺼낸다.

5 바로 먹지 않을 경우는 한 김 식힌 후 랩을 씌워둔다.

_ 사이토 마키

TIP 내열 밀폐 용기 대신
내열볼을 씌워도 OK.

PLUS RECIPE

시간이 있을 땐, 프라이팬으로 쪄도 좋다!
큰 프라이팬이라면 6개를 동시에 찔 수 있다.
정량의 물을 뿌리고, 면보로 감싼 뚜껑을 덮어
가열한다. 김이 나면 약불로 10~15분간 더 가
열한다.

너무 달지 않아 좋은
코코아 찐빵

분량 직경 6cm×높이 3cm 유산지컵 6개분
재료 팬케이크 믹스 100g, 코코아파우더 1작은술, 우유
80ml, 식용유 1큰술

팬케이크 믹스에 차 거름망으로 체를 친 코코아파
우더를 넣고, 심플 찐빵과 같은 방법으로 만든다(61
쪽 참고).

_ 사이토 마키

말차의 향이 은은하게 퍼지는
말차 찐빵

분량 직경 6cm×높이 3cm 유산지컵 6개분
재료 팬케이크 믹스 100g, 말차 1작은술, 우유 80ml, 식용
유 1큰술

팬케이크 믹스에 차 거름망으로 체를 친 말차를 넣
고 심플 찐빵과 같은 방법으로 만든다(61쪽 참고).

_ 사이토 마키

토핑으로 귀엽게 찐빵 장식하기

휘핑

1 볼에 생크림 100ml와 설탕 10g을 넣고 뾰족하게 설 정
도까지 거품을 낸다.

2 찐빵 위에 1을 짜고, 토핑슈가로 장식한다.

_ 사이토 마키

아이싱

1 볼에 슈가파우더 100g과 달걀흰자 1/2개분을 넣고 거품
기로 잘 섞는다.

2 찐빵 위에 스푼으로 올리고, 아르장●으로 장식한다.

_ 사이토 마키

TIP 아이싱에 색을 넣는 경우는 식용색소 약간을 물에 풀어, 꼬치
끝으로 조금씩 1에 섞어 사용한다.

● 아르장(Argent) : 설탕과 녹말을 섞어 알갱이를 만든 후 은분을 묻
힌 것.

초콜릿

1 좋아하는 색의 초코펜을 50℃ 중탕으로 녹여 부드럽게
만든다.

2 찐빵 위를 좋아하는 모양이나 그림으로 장식한다.

_ 사이토 마키

요거트&블루베리로 만든 산뜻한 맛 **블루베리 찐빵**

분량 직경 6cm×높이 4cm 유산지
   컵 6개분

재료 팬케이크 믹스 100g, 블루베
   리잼 2작은술, 플레인 요거트
   100g, 식용유 1큰술

1 볼에 모든 재료를 넣고 거품기로 잘 섞는다.

2 내열 용기에 유산지컵을 넣고 1을 70% 정도까지 균일하게 넣는다. 표
   면에 블루베리잼 약간(분량 외)을 올린다.

3 3개를 전자레인지에 넣고, 물을 넣은 작은 볼도 함께 넣는다. 내열 밀
   폐 용기를 덮고, 전자레인지(600W)로 2분간 가열한다. 나머지도 같은
   방법으로 만든다. 완성되면 바로 내열 용기에서 유산지컵을 꺼낸다.

_ 사이토 마키

소스 대신 친숙한 밀크캐러멜 캐러멜 찐빵

분량 6~8개분

재료 팬케이크 믹스 150g, 달걀 1개, 설탕 30g, 플레인 요거트 100ml, 식용유 1큰술, 캐러멜 (시판품) 6~8개

1 볼에 달걀을 넣고 거품기로 저은 후, 설탕, 플레인 요거트, 식용유와 팬케이크 믹스를 번갈아가며 넣는다. 가루 느낌이 없어질 때까지 잘 섞는다.

2 내열 용기에 유산지컵을 넣고 1을 80% 정도까지 균일하게 넣는다. 각각 캐러멜 1개씩을 올린다.

3 내열 밀폐 용기를 덮어 전자레인지(600W)로 2분간 가열한다.

_ 이시자와 기요미

싱싱한 딸기 과즙이 가득 **딸기 찐빵**

분량 직경 6cm×높이 4cm 유산지
컵 6개분

재료 팬케이크 믹스 100g, 딸기 4
개, 우유 80ml, 식용유 1큰술

1 볼에 팬케이크 믹스와 우유를 넣고, 거품기로 부드럽게 섞는다. 식용
유를 넣고 다시 잘 섞는다. 딸기는 꼭지를 뗀다.

2 내열 용기에 유산지컵을 넣고 반죽 1큰술씩을 넣는다. 딸기를 1개씩
가운데 올리고, 나머지 반죽을 70% 정도가 되도록 균일하게 넣는다.

3 2개를 전자레인지에 넣고, 물을 넣은 작은 볼도 함께 넣는다. 내열 밀
폐 용기를 덮고, 전자레인지(600W)로 2분간 가열한다. 나머지도 같은
방법으로 만든다. 완성되면 바로 내열 용기에서 유산지컵을 꺼낸다.

_ 사이토 마키

진한 초코 맛이 응축 **초코 머핀**

분량 직경 5cm×높이 4cm 유산지
컵 5개분

재료 팬케이크 믹스 100g, 코코아
파우더 1큰술, 달걀 1개, 우유
100ml, 설탕 1.5큰술, 식용유
1큰술, 초코칩 2큰술

1 볼에 달걀을 풀고, 우유를 넣어 거품기로 섞는다. 설탕, 식용유를 넣
어 잘 섞는다. 팬케이크 믹스와 차 거름망으로 체를 친 코코아파우더
를 넣어 섞는다. 초코칩 1큰술을 넣고, 살짝 섞는다.

2 내열 용기에 유산지컵을 넣고 **1**을 70% 정도까지 균일하게 넣는다. 나
머지 초코칩을 뿌린다.

3 전자레인지(500W) 가운데 **2**를 넣고 50초 정도 가열한다. 나머지도
같은 방법으로 만든 후, 완성되면 내열 용기에서 유산지컵을 꺼낸다.

_ 아라이 미요코

흑설탕으로 만든 확실한 단맛 흑설탕&두유 찐빵

분량 커피잔 4~5개분

재료 팬케이크 믹스 100g, 달걀 1개,
흑설탕(분말) 50g, 두유 50ml,
식용유 1큰술

1 볼에 달걀과 흑설탕을 넣고 거품기로 부드럽게 섞는다. 두유, 식용유를 넣고 섞은 후 팬케이크 믹스를 넣고 잘 섞는다.

2 내열컵에 1을 70% 정도까지 균일하게 넣고, 2~3개를 전자레인지에 넣는다. 물을 담은 작은 볼을 함께 넣고, 내열 밀폐 용기 등으로 덮은 후, 전자레인지(600W)로 1분 30초~2분 30초간 가열한다. 나머지도 같은 방법으로 만든다.

_ 구로카와 유코

TIP 찐빵은 유산지컵을 사용하지 말고, 커피잔이나 코코트*에 직접 넣어 쪄도 좋다. 포크로 먹는다.

● 코코트(Cocotte) : 타원형이나 원형 모양의 내열성 냄비.

반으로 가르면 초콜릿이 쭉 **초콜릿 찐빵**

분량 직경 6cm×높이 4cm 유산지
컵 4개분

재료 팬케이크 믹스 100g, 우유 80ml,
식용유 1큰술, 초콜릿 20g

1 볼에 팬케이크 믹스를 담고 우유를 넣어가며 거품기로 부드럽게 섞는
다. 식용유를 넣고 다시 잘 섞는다. 초콜릿은 다진다.

2 내열 용기에 유산지컵을 넣고 반죽 1큰술씩을 넣는다. 초콜릿을 균일
하게 넣고, 나머지 반죽을 70% 정도가 되도록 넣는다.

3 2개를 전자레인지에 넣고, 물을 담은 작은 볼도 함께 넣는다. 내열 밀
폐 용기를 덮어 전자레인지(600W)로 2분간 가열한다. 나머지도 같은
방법으로 만든다. 완성되면 바로 내열 용기에서 유산지컵을 꺼낸다.

_ 사이토 마키

쌉쌀한 커피와 연유의 만남 밀크커피 찐빵

분량 직경 5cm×높이 4cm 유산지
컵 5개분

재료 팬케이크 믹스 100g, 인스턴트
커피 2작은술, 달걀 1개, 설탕
50g, 우유 50ml, 식용유 1큰술,
초코펜(또는 초코 시럽), 연유

1 볼에 달걀과 설탕을 넣고 거품기로 잘 섞는다. 우유와 식용유를 넣어
섞은 후, 팬케이크 믹스와 인스턴트 커피를 넣고 잘 섞는다.

2 내열 용기에 유산지컵을 넣고, 1을 70% 정도까지 균일하게 담는다.
2~3개를 전자레인지에 넣고, 물을 담은 작은 볼도 함께 넣는다. 내열
밀폐 용기 등으로 덮어, 전자레인지(600W)로 1분 30초~2분 30초간
가열한다. 나머지도 같은 방법으로 만든다. 완성되면 바로 내열 용기
에서 유산지컵을 꺼낸다.

3 초코펜(또는 고깔 모양으로 가늘게 만 쿠킹시트 안에 초코 시럽을 넣어 사
용한다)으로 접시에 선을 긋는다. 2를 올리고 연유를 뿌린다.

_ 구로카와 유코

바나나를 넣어 식었을 때도 촉촉한 바나나 찐빵

분량 유산지컵 6~8개분

재료 팬케이크 믹스 150g, 달걀 1개, 설탕 30g, 우유 2큰술, 꿀 1큰술, 식용유 1큰술, 바나나 1개, 레몬즙

1 바나나는 껍질을 벗겨 80g을 으깨고, 나머지는 링 모양으로 잘라 레몬즙을 뿌려둔다.

2 볼에 1의 으깬 바나나와 달걀을 넣고 거품기로 잘 섞는다. 설탕, 우유, 꿀, 식용유, 팬케이크 믹스 순서로 넣고 가루 느낌이 없어질 때까지 섞는다.

3 내열 용기 또는 중탕 용기에 유산지컵을 넣고 2의 반죽을 60% 정도 붓는다. 각각 링 모양으로 썬 바나나를 올린다. 랩을 씌워 전자레인지(500W)로 2분간 가열한다. 취향에 따라 민트로 장식한다.

_ 이시자와 기요미

덜 달아서 좋은 두부 찐빵

분량 유산지컵 8~10개분
재료 팬케이크 믹스 200g, 두부 2/3모(200g),
        달걀 1개, 설탕 2큰술, 식용유 1큰술

1 두부는 랩을 씌우지 않고 전자레인지(600W)로 2분간 가열한 후, 접시로 눌러 물기를 뺀다.

2 볼에 1을 넣고 거품기로 으깨고, 달걀과 설탕을 넣고 잘 섞는다. 팬케이크 믹스를 넣고 덩어리가 지지 않도록 고르게 섞은 후, 식용유를 넣어 섞는다.

3 내열 용기에 유산지컵을 넣고 2를 70% 정도 부은 후, 구기자 씨가 있으면 하나씩 올린다. 김이 나는 찜기에 센 불로 10분간 찐다.

_ 이시자와 기요미

진한 녹차 맛의 일본식 찐빵 녹차&단밤 찐빵

분량 다마고도우후* 틀 1개분 또는 유산지컵
8~10개분

재료 팬케이크 믹스 200g, 녹차잎 2큰술, 달
걀 1개, 설탕 2큰술, 우유 50㎖, 식용유
2큰술, 맛밤 20알

1 녹차의 1/2은 곱게 다지거나 빻는다.
나머지는 따뜻한 물 1/2컵을 넣어 녹
차 맛을 진하게 우린다.

2 볼에 달걀을 넣어 거품기로 젓고, 설
탕, 우유, 1에서 우린 녹차 4큰술을
넣는다. 팬케이크 믹스와 잘게 다진
녹차잎을 넣고 덩어리지지 않게 섞는
다. 식용유를 넣고 다시 잘 섞는다.

3 다마고도우후 틀에 쿠킹시트를 깔고
(또는 내열 용기에 유산지컵을 넣고) 2
를 넣는다. 맛밤을 뿌린다.

4 찜기에 김이 오르면 3을 넣어 센 불로
20분간 찐다. 틀이 작을 경우 10분간
찌도록 한다.

_ 이시자와 기요미

● 다마고도우후(卵豆腐) : 달걀을 풀어 끓인
국물을 붓고 찐 두부 요리.

의외의 산뜻한 맛
팥찐빵

분량 파운드 틀 1개분 또는 유산지컵 8~10개분

재료 팬케이크 믹스 200g, 달걀 2개, 팥 100g, 식용유 2큰술

1 볼에 달걀을 넣어 거품기로 젓고, 팥, 물 2큰술 순서로 넣는다. 팬케이크 믹스를 넣는다. 덩어리지지 않게 섞는다. 식용유를 넣고 다시 잘 섞는다.

2 파운드 틀에 쿠킹시트를 깔고(또는 내열 용기에 유산지컵을 넣고) 1을 넣는다. 찜기에 김이 오르면 센불로 20분간 찐다. 틀이 작을 경우 10분간 찌도록 한다.

_ 이시자와 기요미

참기름의 풍미가 전해지는
중화풍 찐빵

분량 직경 8cm 유산지컵 6개분

재료 팬케이크 믹스 200g, 달걀 2개, 설탕 50g, 참기름 2큰술, 우유 100ml, 건자두 1~2개

1 볼에 달걀을 넣어 거품기로 젓고, 팬케이크 믹스, 설탕, 참기름을 넣은 후 우유를 조금씩 넣어가며 덩어리지지 않도록 섞는다.

2 유산지컵에 1을 70% 정도 넣고, 랩을 씌워 전자레인지(600W)로 5분간 가열한다.

3 건자두는 씨를 제거하여 작은 크기로 잘라 완성된 2 위에 장식한다.

_ 오이시 미도리

촉촉한 치즈케이크 스타일
치즈 찐빵

분량 알루미늄컵 8~10개분
재료 팬케이크 믹스 200g, 크림치즈 100g, 설탕 3큰술, 달
       걀 2개, 식용유 1.5큰술

1 크림치즈는 랩으로 감싸 전자레인지(600W)로 30
   초간 가열하여 부드럽게 한다.
2 볼에 1을 넣고 거품기로 부드럽게 저은 후, 설탕
   을 넣고 크림 상태를 만든다. 달걀을 풀어 넣고,
   다시 부드럽게 섞은 후 식용유, 팬케이크 믹스를
   넣어 잘 섞는다.
3 알루미늄컵에 2를 70% 정도 넣고, 김이 나는 찜
   기에 넣어 10분간 찐다.

_ 이시자와 기요미

소박한 단맛
단호박 찐빵

분량 유산지컵 8~10개분
재료 팬케이크 믹스 200g, 단호박 100g, 달걀 1개, 우유
       50ml, 살구잼 3큰술

1 단호박은 한입 크기로 잘라 랩을 씌워 전자레인
   지(600W)로 2~3분간 가열한다. 부드러워지면 껍
   질째 포크로 으깬다.
2 볼에 달걀을 넣어 거품기로 젓고, 1의 단호박을
   넣은 후 우유로 묽게 만든다. 팬케이크 믹스를 넣
   어 덩어리지지 않도록 섞는다.
3 내열 용기에 유산지컵을 넣고 2를 70% 정도 넣
   은 후, 잼을 1작은술 정도 올린다.
4 김이 나는 찜기에 넣어 강불로 10분간 찐다.

_ 이시자와 기요미

실리콘 찜기로 간편하게 만드는 **복숭아 찜케이크**

분량   직경 20cm 실리콘 찜기 1개분

재료   팬케이크 믹스 60g, 설탕 40g,
        달걀 1개, 우유 2큰술, 버터
        30g, 복숭아(통조림) 1개분

1   복숭아는 3mm 두께로 얇게 썰고, 키친타월로 감싸 물기를 제거한
다. 실리콘 찜기 바닥에 방사형으로 넣는다.

2   볼에 팬케이크 믹스와 설탕을 넣고 거품기로 살짝 섞은 후, 달걀과 우
유를 넣고 부드럽게 섞는다.

3   버터를 전자레인지(600W)로 30초간 가열하여 녹인 후 2에 넣어 섞
는다.

4   1의 찜기에 3의 반죽을 넣고, 뚜껑을 덮어 전자레인지로 4분 30초간
가열한다. 전자레인지에서 꺼내, 뚜껑을 덮은 채로 식힌다.

5   찜기를 접시에 뒤집어 케이크를 빼낸다.

_ 사이토 마키

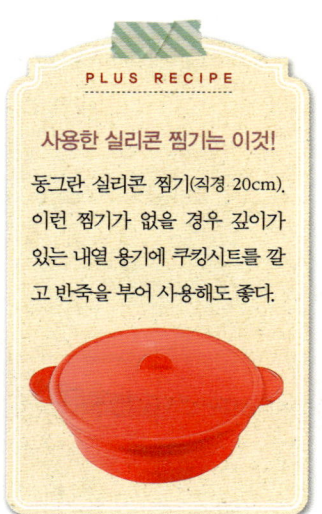

PLUS RECIPE

사용한 실리콘 찜기는 이것!
동그란 실리콘 찜기(직경 20cm).
이런 찜기가 없을 경우 깊이가
있는 내열 용기에 쿠킹시트를 깔
고 반죽을 부어 사용해도 좋다.

아이스크림을 곁들여도 좋은 시나몬커피 찜케이크

분량 직경 20cm 실리콘 찜기 1개분
재료 팬케이크 믹스 60g, 설탕 50g,
시나몬파우더 1/2작은술, 달걀
1개, 우유 2큰술, 인스턴트 커
피 1큰술, 버터 30g

1 우유는 전자레인지(600W)로 20초간 가열한 후 인스턴트 커피를 넣어 녹인다.

2 볼에 팬케이크 믹스와 설탕, 시나몬파우더를 넣고 가볍게 섞은 후, 달걀과 1을 넣고 부드러울 때까지 거품기로 섞는다.

3 버터를 전자레인지(600W)로 30초간 가열하여 녹인 후 2에 넣어 섞는다.

4 실리콘 찜기에 반죽을 넣고, 뚜껑을 덮어 전자레인지로 4분 30초간 가열한다. 전자레인지에서 꺼내 뚜껑을 덮은 채로 식힌다.

5 찜기를 접시에 뒤집어 케이크를 빼낸다.

_ 사이토 마키

레몬의 산미와 꿀의 은은한 단맛이 돋보이는 레몬꿀 찜케이크

분량 직경 20cm 실리콘 찜기 1개분
재료 팬케이크 믹스 60g, 달걀 1개,
　　　 우유 1큰술, 꿀 40g, 버터
　　　 30g, 레몬 1/2개

1 볼에 팬케이크 믹스를 넣은 후 달걀과 우유를 넣고 거품기로 부드럽게 섞는다. 꿀을 넣고 섞는다.

2 버터를 전자레인지(600W)로 30초간 가열하여 녹인 후 1에 넣어 잘 섞는다.

3 레몬은 얇게 링 모양으로 썰어 실리콘 찜기 바닥에 깐다. 반죽을 넣고, 뚜껑을 덮어 전자레인지로 4분 30초간 가열한다. 전자레인지에서 꺼내, 뚜껑을 덮은 채로 식힌다.

4 찜기를 접시에 뒤집어 케이크를 빼낸다.

_ 사이토 마키

시폰 케이크처럼 폭신한 엔젤푸드 케이크

분량 직경 18cm 볼 1개분

재료 팬케이크 믹스 100g, 우유 50ml,
식용유 2큰술, 달걀흰자 1개
분, 그래뉴당 40g

TIP 랩보다 쿠킹시트를 사용하면
증기가 적당히 빠져서 좋다. 가열이
끝나면 쿠킹시트를 덮은 채로 식힘망
에 뒤집는다.

1 볼에 달걀흰자를 넣고 거품기로 젓는다. 그래뉴당을 넣고 뾰족하게
설 정도로 휘핑하여 머랭을 만든다.

2 다른 볼에 우유와 식용유, 팬케이크 믹스를 순서대로 넣고 가루 느낌
이 없어질 때까지 잘 섞는다. 1을 3회에 나눠 넣고 부드럽게 섞는다. 첫
번째는 거품기로 섞고, 두세 번째는 고무 주걱으로 부드럽게 섞는다.

3 내열볼에 식용유(분량 외)를 바르고, 밀가루(분량 외)를 뿌린다. 2의 반
죽을 붓고 동그랗고 크게 자른 쿠킹시트를 덮어 전자레인지(600W)로
2~3분간 가열한다.

4 2배로 부풀면 쿠킹시트를 그대로 덮은 채 식힘망(또는 도마)에 올려
식힌다. 이렇게 두면 자연스럽게 케이크가 떼어진다. 떼어지지 않을
경우, 가장자리를 주걱으로 한 바퀴 돌려 분리시킨다.

5 적당한 크기로 자르고 취향에 따라 꿀이나 시럽을 곁들인다.

_ 이시자와 기요미

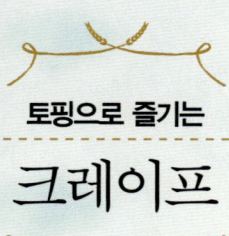

토핑으로 즐기는
크레이프

팬케이크 믹스로도 충분한 촉촉한 크레이프

분량 직경 약 20cm · 8장

재료 팬케이크 믹스 100g, 달걀 1개,
우유 130ml, 버터 30g, 초콜릿
소스, 아이스크림

1 볼에 달걀을 넣어 거품기로 저은 후, 우유를 넣고 잘 섞는다. 팬케이크 믹스를 넣어 덩어리가 지지 않도록 재빨리 섞는다.

2 버터는 전자레인지(600W)로 30초간 가열하여 녹인 후 1에 넣어 잘 섞는다.

3 프라이팬을 약불로 달군 후, 식용유를 넣고 키친타월로 얇게 바른다.

4 반죽 한 국자(전체의 1/8)를 넣고 프라이팬을 돌려가며 전체적으로 얇게 편다. 가장자리에 색이 들기 시작할 때 꼬치로 가장자리를 들면 떼기 쉽다.

5 주걱 등을 이용하여 뒤집은 후 반대편도 살짝 구워 꺼낸다. 나머지도 같은 방법으로 굽고 부채꼴 모양으로 두 번 접어 접시에 담는다. 아이스크림을 올리고 초콜릿 소스를 뿌린다.

_ 사이토 마키

PLUS RECIPE

초콜릿 소스 대신 집에 있는 잼을 사용해도 좋다.

POINT 반죽을 넣은 후 프라이팬을 돌려 전체적으로 넓게 퍼지게 하면 얇게 구워진다. 프라이팬에서 반죽이 떼어지도록 꼬치로 가장자리를 든다.

새콤달콤한 간식으로 최고 **허니레몬 크레이프**

분량 4장분

1 프라이팬에 레몬즙 1/2개분, 꿀 2큰술, 설탕 5큰술, 물 80ml를 넣고 가열하여 녹인다.

2 접은 크레이프 4장과 레몬 슬라이스 1/2개분을 넣고 2~3분간 살짝 끓인다.

_ 구로키 유코

남은 크레이프로 만드는 한 접시~!

크레이프 가게의 인기 메뉴 커스터드&바나나 크레이프

분량 직경 약 20cm · 6장분

재료 팬케이크 믹스 80g, 버터 20g, A [달걀
1개, 설탕 1큰술, 우유 200ml], 식용유,
B [달걀노른자 1개분, 설탕 2큰술, 팬케이
크 믹스 1큰술], 우유 180ml, 바나나 1개

1 내열볼에 버터를 넣어 전자레인지
(600W)로 30초간 가열하여 녹인다.

2 볼에 A를 넣고 잘 섞은 후 팬케이크
믹스, 녹인 버터를 순서대로 넣어가
며 거품기로 잘 섞는다.

3 달군 프라이팬에 식용유를 약간 두
른 후, 반죽 1국자를 넣고 얇게 편다.
바닥에 색이 들면 뒤집어서 살짝 굽
는다. 나머지도 같은 방법으로 굽는다.

4 내열볼에 B를 넣고 거품기로 섞은
후, 우유를 조금씩 넣어가며 묽게 만
든다. 전자레인지로 1분간 가열한 후
계속 섞는다. 이것을 2~3회 반복하
여 커스터드 크림 상태를 만든다.

5 3의 크레이프에 4와 작게 깍둑썰기
한 바나나를 올려 동그랗게 만다. 취
향에 따라 코코넛을 뿌려낸다.

_ 구로키 유코

PLUS RECIPE

커스터드 크림 대신 생크림을 사용해도 좋다. 또
장식용 코코넛 대신 초코크런키를 뿌려도 된다.

달걀과 우유로 만든 리치한 맛 **키위 소스 크레이프**

분량 직경 약 22cm · 8장분

재료 팬케이크 믹스 100g, 달걀 2개, 우유 260ml, 버터 40g, 키위 1개, 설탕 1⅓큰술

1 내열볼에 우유의 1/2과 버터를 넣고 전자레인지(600W)로 30초간 가열하여 녹인다. 팬케이크 믹스를 넣어 거품기로 섞은 후, 가능하면 체에 내린다.

2 볼에 달걀을 풀고 1과 나머지 우유를 넣어 잘 섞는다.

3 달군 프라이팬에 버터(분량 외)를 녹이고 2를 1국자(전체의 1/8)를 넣고 전체적으로 얇게 편다. 가장자리에 색이 들기 시작할 때 꼬치로 가장자리를 들면 떼기 쉽다.

4 키위는 껍질을 벗겨 심 부분을 제거한 후 강판으로 갈고, 설탕을 넣어 섞는다.

5 접시에 3을 접어 올리고, 4를 뿌린다. 취향에 따라 휘핑한 생크림이나 민트를 곁들여낸다.

_ 이시자와 기요미

오렌지주스의 풍미가 은은하게 퍼지는 **오렌지&요거트 크레이프**

분량 12~16장분

재료 팬케이크 믹스 100g, 달걀 2개, 설탕 2
큰술, 오렌지주스 200ml, 버터 10g, 플
레인 요거트 적당량

1 볼에 달걀을 넣어 거품기로 저은 후,
설탕을 넣고 알갱이가 없도록 녹인
다. 물 100ml를 넣고 묽게 한 후, 팬
케이크 믹스를 넣고 거품기로 부드럽
게 섞는다.

2 오렌지주스를 넣은 후, 전자레인지
(600W)로 30초간 가열하여 녹인 버
터를 넣는다.

3 프라이팬에 약간의 버터(분량 외)를
녹인 후, 국자의 70% 정도의 2를 넣
고 프라이팬을 돌려 전체적으로 얇
게 편다. 약불에서 표면이 건조될 때
까지 굽는다. 나머지도 같은 방법으
로 굽는다.

4 먹기 좋도록 접어 접시에 담고 요거
트를 얹는다. 세르퓌유가 있으면 곁
들인다.

_ 이시자와 기요미

카프치노풍의 멋진 크레이프 모카아이스 크레이프

분량 12~16장분

재료 팬케이크 믹스 100g, 인스턴트 커피 1큰술, 설탕 2큰술, 달걀 2개, 우유 300ml, 버터 10g, 바닐라아이스크림

1 볼에 인스턴트 커피와 뜨거운 물 1큰술을 넣어 녹인 후 설탕을 넣는다. 달걀을 넣고 설탕이 녹을 때까지 거품기로 섞은 후, 우유 100ml를 넣어 섞는다.

2 팬케이크 믹스를 넣은 후, 나머지 우유를 조금씩 넣으며 부드럽게 섞는다. 여기에 전자레인지(600W)로 30초간 가열하여 녹인 버터를 넣어 섞는다.

3 프라이팬에 약간의 버터(분량 외)를 녹인 후, 국자의 70% 정도의 2를 넣어 프라이팬을 돌려 전체적으로 얇게 편다. 약불에서 표면이 건조될 때까지 굽는다. 나머지도 같은 방법으로 굽는다.

4 먹기 좋도록 접어 접시에 담고, 아이스크림을 곁들이고 취향에 따라 시나몬을 뿌린다.

_ 이시자와 기요미

멋진 브런치에 제격 반숙달걀 갈레트풍 크레이프

분량 4장분

재료 팬케이크 믹스 100g, 달걀 5개,
소금 약간, 우유 150ml, 올리
브 오일 1큰술, 생햄 8장, 어린
잎 채소(또는 샐러드 채소)

1 볼에 달걀 1개를 넣어 거품기로 저은 후 소금을 넣는다. 소금이 모두
녹으면 우유 50ml를 넣어 묽게 만든다. 팬케이크 믹스를 넣어 섞은
후, 나머지 우유를 조금씩 넣어가며 부드럽게 섞는다.

2 프라이팬에 약간의 버터(분량 외)를 녹인 후, 1의 1/4을 넣는다. 프라이
팬을 돌려 전체적으로 얇게 펴서 약불에서 노릇하게 굽는다.

3 표면이 건조되면 가운데 부분에 달걀 1개를 올리고, 뚜껑을 덮어 2분
간 가열한다.

4 네 가장자리를 접고, 접시에 그대로 담는다. 생햄과 어린잎 채소를 곁
들이고, 취향에 따라 검은 후추를 뿌린다. 나머지도 같은 방법으로
만든다.

_ 후쿠오카 나오코

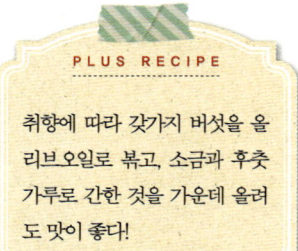

PLUS RECIPE

취향에 따라 갖가지 버섯을 올
리브 오일로 볶고, 소금과 후춧
가루로 간한 것을 가운데 올려
도 맛이 좋다!

짭짤한 치즈로 맛을 낸 **치즈 크레이프**

분량　6~8장분

재료　팬케이크 믹스 100g, 달걀 1개,
소금 약간, 우유 150ml, 버터
10g, 피자치즈 80g, 베이컨 4장

1 볼에 달걀을 넣어 거품기로 저은 후 소금을 넣는다. 소금이 모두 녹으
면 우유 50ml를 넣어 묽게 만든다. 팬케이크 믹스를 넣어 섞은 후, 나
머지 우유를 조금씩 넣어가며 부드럽게 섞는다.

2 버터를 전자레인지(600W)로 30초간 가열하여 녹인 후 1에 넣어 잘
섞는다.

3 프라이팬에 약간의 버터(분량 외)를 녹인 후, 국자의 70% 정도의 2를
넣는다. 프라이팬을 돌려 전체적으로 얇게 펴서 약불에서 노릇하게
굽는다.

4 3의 표면이 건조되면 피자치즈를 뿌리고 뚜껑을 덮어 30초간 가열한
다. 가장자리부터 돌돌 만다. 나머지도 같은 방법으로 만든다.

5 접시에 담고 바삭하게 구운 베이컨과 좋아하는 허브로 장식한다.

_ 후쿠오카 나오코

치즈의 산미가 생크림보다 산뜻한 치즈크림 밀크레이프

분량 직경 18cm · 1개분

재료 팬케이크 믹스 150g, 달걀 2개, A [설탕 10g, 우유 400ml], 버터 1큰술, 믹스프루츠(통조림) 100g, 크림치즈 100g, B [설탕 25g, 레몬즙 1작은술], 생크림 100g

1 볼에 달걀을 넣어 거품기로 저은 후, A와 팬케이크 믹스를 순서대로 넣어가며 섞는다. 가루 느낌이 없어지면, 전자레인지(500W)로 30초간 가열하여 녹인 버터를 넣는다.

2 달군 프라이팬에 약간의 버터(분량 외)를 녹인 후, 국자의 80% 정도의 1을 넣는다. 프라이팬을 돌려 전체적으로 얇게 펴서 약불에서 표면이 건조되도록 굽는다. 크레이프는 평평하게 겹쳐 식힌다.

3 믹스프루츠는 국물을 제거한 후 3mm두께로 슬라이스한다. 크림치즈는 전자레인지로 30초간 돌려 부드럽게 한 후, 볼에 넣어 잘 젓는다. B를 넣고 다시 섞은 후, 생크림을 넣고 부드럽게 한다.

4 2의 크레이프에 3의 치즈크림을 얇게 발라 겹친다. 3장마다 믹스프루츠를 위에 올린다. 같은 동작을 반복한다.

5 냉장고에서 15분간 두어 식힌 후 알맞은 크기로 자른다.

_ 이시자와 기요미

복숭아의 촉촉함과 달콤함이 살아 있는 복숭아 밀크레이프

분량 1개분

재료 팬케이크 믹스 200g, A [달걀 1개, 우유 300ml], 식용유, B [생크림 200ml, 그래뉴당 30g], 황도(통조림) 1캔, 슈가파우더

1 볼에 A를 넣고 섞는다. 팬케이크 믹스를 넣고 거품기로 잘 섞는다.

2 달군 프라이팬에 식용유를 얇게 두르고, 반죽 1국자를 넣어 얇게 편다. 노릇한 색이 들면 뒤집어 살짝 구워낸다. 나머지도 같은 방법으로 구워 10장을 만든다.

3 볼에 B를 넣고 80% 정도 거품을 낸다. 황도는 얇게 슬라이스한다.

4 접시에 크레이프를 1장 깔고, 크림을 얇게 바른다. 그 위에 황도를 7~8개 올린다. 다시 생크림을 바르고 크레이프를 올린다. 이 동작을 반복한 후 마지막에 슈가파우더를 뿌린다.

_ 히로사와 교코

오렌지와 커스터드의 찰떡궁합 **오렌지 밀크레이프**

분량 직경 20cm · 1개분

재료 팬케이크 믹스 200g, 달걀 3개, A [우유 450ml, 설탕 3큰술], 버터 3큰술, 식용유, B [달걀노른자 3개분, 박력분 30g, 설탕 70g], 우유 300ml, 생크림 300ml, 설탕 2큰술, 오렌지 2개, 슈가파우더

1 볼에 달걀을 풀고, A를 넣어 거품기로 잘 섞는다. 이어 팬케이크 믹스를 넣어 덩어리지지 않도록 섞는다.

2 버터를 전자레인지(600W)로 1분간 가열하여 녹인 후 1에 넣어 잘 섞는다.

3 수지가공된 프라이팬을 달궈 식용유를 얇게 두른 후, 국자의 70% 정도의 2를 넣는다. 재빨리 프라이팬을 돌려 얇게 편다. 표면이 건조되면 뒤집어 살짝 굽는다. 나머지도 같은 방법으로 굽는다. 15~17장을 만든다.

4 커스터드 크림을 만든다. 내열볼에 B를 넣고 잘 섞는다. 여기에 우유를 넣고 거품기로 잘 섞은 후 전자레인지로 2분간 가열하여 섞는다. 다시 1분 30초간 가열하여 섞고, 또다시 1분을 가열하여 섞은 다음 식힌다.

5 다른 볼에 생크림과 설탕을 섞어 70% 정도 거품을 낸 후, 4에 넣어 식힌다.

6 크레이프 1장을 펴서 5를 3큰술을 올려 넓게 바른다. 크레이프 1장을 올려 손으로 누른다. 이 동작을 반복하여 모든 크레이프를 겹친 후, 냉장고에 넣어 차게 한다.

7 껍질을 제거한 오렌지 과육을 올리고, 취향에 따라 슈가파우더를 뿌리고 세르퓌유로 장식한다.

_ 후쿠오카 나오코

카스테라를 감싸 케이크로 완성 딸기 크레이프 케이크

분량 6개분

재료 팬케이크 믹스 60g, 버터 20g,
A [달걀 1개, 굵은 설탕 1큰술,
우유 200ml], 카스테라(시판
품) 6×4.5×3cm 6조각, 딸기
12개, B [생크림 75ml, 그래뉴
당 1큰술]

1 내열볼에 버터를 넣어 전자레인지(600W)로 15초 돌려 녹인다.

2 볼에 A를 넣어 섞은 후, 팬케이크 믹스와 녹인 버터 순서로 넣어가며
거품기로 섞는다. 가능하면 체에 내린다.

3 달군 프라이팬에 약간의 버터(분량 외)를 녹인 후 키친타월로 얇게 바
른다. 반죽 1국자를 넣어 얇게 펴서 노릇하게 구운 후, 뒤집어 살짝
구워낸다. 나머지도 같은 방법으로 굽는다. 전체 6장을 만든다.

4 볼에 B를 넣어 부드럽게 거품을 낸다. 딸기를 얇게 슬라이스한다.

5 카스테라 두께를 2등분하고 자른 단면에 4의 크림을 바른 후 딸기를
올린다. 나머지 카스테라에 크림을 발라 올린다. 3의 크레이프로 감싼
후, 나머지 생크림과 딸기로 장식한다. 취향에 따라 민트를 곁들인다.

_ 오모리 이쿠코

TIP 크레이프로 카스테라를 감쌀
때, 세게 잡아당기면 찢어질 수 있으
므로 주의한다. 살짝 접어 감싸는 게
비법이다.

접어서 돌돌 말기만 하면 OK! 주름 크레이프

분량 8개분

재료 팬케이크 믹스 50g, 달걀 1개, 설탕 1큰술, 우유 150㎖, 버터 5g, 카스테라(시판품) 8개, 드라이프루츠 믹스(시판품), 라즈베리잼

1 볼에 달걀을 넣어 거품기로 저은 후, 설탕과 우유, 팬케이크 믹스 순서로 넣어 가루 느낌이 없어질 때까지 섞는다.

2 버터를 전자레인지(500W)로 30초간 가열하여 녹인 후 1에 넣어 잘 섞는다.

3 달군 프라이팬에 약간의 버터(분량 외)를 녹인 후, 국자의 70% 정도의 2를 넣는다. 프라이팬을 돌려 얇게 편 후 약불에서 표면이 건조되도록 굽는다.

4 크레이프 가운데에 길게 잼을 바르고, 아코디언 모양으로 접는다. 가장자리가 교차되도록 한 바퀴 돌려 접시에 담고, 카스테라와 드라이프루츠를 올리고 잼으로 장식한다.

_ 이시자와 기요미

POINT 크레이프의 구운 면이 뒤가 되도록 놓고, 스푼으로 잼을 길게 바른다.

우선 윗부분을 아코디언 모양으로 접고, 뒤집어 나머지 반도 같은 방법으로 접어 겹치게 한다.

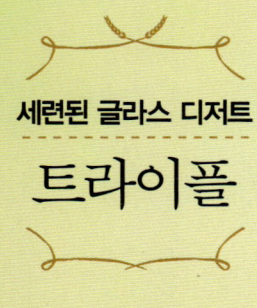

세련된 글라스 디저트

트라이플

마스카르포네가 맛의 비법 **티라미스풍 트라이플**°

분량 2개분

재료 팬케이크 1장, 마스카르포네치
즈°° 200g, 뜨거운 물 2큰술,
인스턴트 커피 1큰술, 설탕 1.5
큰술, 코코아파우더

1 시럽을 만든다. 뜨거운 물에 인스턴트 커피, 설탕을 녹인 후 식힌다.

2 팬케이크는 2cm 크기로 깍둑썬다.

3 글라스(유리잔)에 2를 2~3조각 넣고 1의 시럽을 솔로 바른 후, 치즈
를 적당량 올린다. 이 동작을 반복하여 글라스(유리잔) 2개를 만든다.
마지막에 차 거름망으로 코코아파우더를 뿌린다.

_ 사이토 마키

● 트라이플(Trifle) : 포도주에 담갔던
스펀지 케이크에 잼을 바르고 커
스터드 또는 생크림을 곁들인 디
저트.

●● 마스카르포네치즈(Mascarpone
cheese) : 이탈리아 롬바르디아산
의 부드러운 크림치즈.

POINT 팬케이크의 표면에 빈틈없이 시럽
을 바른다. 솔이 없으면 스푼으로 해도 좋다.

말차 향이 가득한
말차&아마낫토 트라이플

분량 4개분

재료 팬케이크 믹스 200g, 말차 2작은술, 달걀 1개, 우유
150ml, 식용유, 생크림 120ml, 설탕 1/2큰술, 아마낫토
1/2컵, 귤(통조림) 1/2캔(小)

1 볼에 달걀을 풀고, 우유를 넣어 거품기로 섞는다.
팬케이크 믹스를 넣고, 말차를 체로 쳐서 넣은
후 잘 섞는다.
2 달군 프라이팬에 식용유를 얇게 두르고, 반죽의
1/2을 넣는다. 양면을 노릇하게 굽는다. 나머지도
같은 방법으로 굽는다.
3 볼에 생크림과 설탕을 넣고 거품을 낸다.
4 깍뚝썰기한 2, 3, 아마낫토, 귤을 글라스 4개에
동일하게 겹쳐 넣는다.

_ 구로카와 유코

과일을 듬뿍 넣은
트로피컬 트라이플

분량 2개분

재료 팬케이크(中) 1장, 파인애플 100g, 망고 100g, 키위 1개,
생크림 100ml, 설탕 10g, 뜨거운 물 1.5큰술, 설탕 1.5
큰술, 키르슈 1/2큰술

1 시럽을 만든다. 뜨거운 물에 설탕을 녹인 후, 식
으면 키르슈를 넣는다.
2 과일은 먹기 좋은 크기로 자른다. 볼에 크림과 설
탕을 넣고 70% 정도 거품을 낸다.
3 팬케이크는 2cm 크기로 깍뚝썬다.
4 글라스에 3을 2~3조각 넣고 1의 시럽을 솔로 바
른다. 과일과 2의 크림을 적당히 올린다. 이 작업
을 반복하여 글라스 2개에 동일하게 겹쳐 넣은
후, 민트가 있으면 장식한다.

_ 사이토 마키

머랭을 넣어 리치한 **요거트 화이트 오믈렛**

분량 2개분

재료 팬케이크 믹스 20g, 달걀흰자 1개분, 우유 1작은술, 식용유 1/2작은술, 그래뉴당 20g, 달걀노른자 1개분, 생크림 80ml, 플레인 요거트 50g, 딸기 5개

1 우유와 식용유를 잘 섞는다.

2 달걀흰자는 냉장고에 넣어 차게 했다가 볼에 넣고 거품기로 섞어 거친 거품을 낸다. 그래뉴당 10g을 3회에 나눠 넣어 촉촉한 머랭을 만든다.

3 다른 볼에 달걀노른자를 넣고 거품기로 섞는다. 이어 팬케이크 믹스를 넣고 거품기로 섞는다. 가루 느낌이 없어지면 1을 넣고, 살짝 섞는다.

4 수지가공된 프라이팬을 달궈, 젖은 행주에 올린다. 3의 1/2을 넣고 직경 12cm 정도로 편다. 약한 중불에서 뚜껑을 덮어 1분 30초간, 뒤집어 1분간 굽는다. 나머지도 같은 방법으로 굽고 접시에 담아 식힌다.

5 볼에 생크림과 그래뉴당 10g을 넣은 후 얼음물에 받쳐 거품기로 80% 정도 거품을 낸다. 요거트를 넣어 고무 주걱으로 섞는다.

6 4에 5를 1/4씩 바르고, 세로로 이등분한 딸기를 올린다. 남은 5를 이등분하여 올리고, 반으로 접는다. 랩을 살짝 씌워 냉장고에서 30분간 차게 한다.

_ 시모사코 아야미

POINT 머랭은 뾰족하게 설 정도로 거품을 낸다.

PLUS RECIPE

딸기 대신 믹스프루츠 통조림을 넣어도 좋다. 물기가 없도록 통조림 국물은 제거하여 사용한다.

보는 것만으로 즐거운 코코아 오믈렛

분량 4개분

재료 팬케이크 믹스 100g, 코코아파
우더 1작은술, 달걀물 1/2개분,
우유 90㎖, 식용유 1/2큰술, 초
콜릿 50g, 생크림 200㎖, 바
나나(어슷썰기) 1개

1 볼에 팬케이크 믹스를 넣고, 코코아파우더를 차 거름망으로 체를 쳐
서 넣은 후 거품기로 전체적으로 섞는다.

2 우유와 달걀물을 넣어 잘 섞은 후, 식용유를 넣어 섞는다.

3 수지가공된 프라이팬을 중불로 달구고 젖은 행주에 올린 후 약불에
다시 올린다. 반죽의 1/4을 넣고 굽는다. 표면에 구멍이 뽕뽕 나기 시
작하면 뒤집어서 1분간 더 굽는다. 총 4장을 구워 한 김 식힌다.

4 초콜릿은 잘게 잘라 볼에 넣고, 50℃로 중탕하여 완전히 녹인다. 중
탕에서 볼을 꺼내고, 생크림을 조금씩 넣어가며 섞어 뾰족하게 설 정
도로 거품을 낸다.

5 3에 4의 크림을 짜고, 바나나를 같은 두께로 잘라 올린 후 반으로 접
는다.

_ 사이토 마키

달걀말이 요령으로 두툼하게 플레인 바움쿠헨*

분량 1개분

재료 팬케이크 믹스 100g, 달걀 1개, 우유 100㎖, 설탕 30g, 식용유

1 유산지를 달걀팬 길이에 맞춰 1cm 직경으로 동글게 말아 막대기 모양을 만든다. 테이프로 붙인 후 알루미늄 포일로 감싼다. 표면에 식용유를 얇게 바른다.

2 볼에 달걀을 넣어 거품기로 젓고, 우유를 넣어 잘 섞는다.

3 설탕과 팬케이크 믹스를 넣고 덩어리지지 않도록 재빨리 섞는다.

4 달걀팬을 약불로 달군 후, 식용유를 둘러 키친타월로 넓게 바른다.

5 반죽 1국자를 넣고 프라이팬을 기울여 전체적으로 넓게 편다. 표면에 구멍이 뽕뽕 나고 약간 건조되기 시작하면, 1을 가장자리에 올리고 뒤집개를 이용하여 앞쪽으로 만다.

   POINT 반죽 전체가 건조되면 말기 어려워지므로, 약간 건조되었을 때 마는 것이 비법이다.

6 달걀팬에 2번째 반죽을 넣고 5를 가장자리에 올려 돌돌 만다. 이것을 총 6~7회에 반복하여 모든 반죽을 사용한다.

7 전체가 식으면 1을 빼내고, 알맞은 두께로 자른다.

● 바움쿠헨(Baumkuchen) : 단면이 나무의 나이테 모양인 독일 디저트.

_ 사이토 마키

PANCAKE RECIPE
85

오렌지 껍질의 쌉쌀함이 돋보이는
오렌지바움

PANCAKE RECIPE
86

어른들이 좋아하는 진한 맛
커피바움

분량 1개분

1 오렌지 껍질 1/4개분을 하얀 부분을 제외하고 강
   판에 갈거나, 하얀 부분을 얇게 잘라낸 후 곱게
   다진다.

2 볼에 달걀 1개를 풀고, 우유 100ml를 넣어 잘 섞
   는다. 설탕 30g, 팬케이크 믹스 100g, 1을 넣고
   덩어리지지 않도록 재빨리 섞는다.

3 플레인 바움쿠헨의 만드는 방법을 참고하여 만
   든다(103쪽 참고).

_ 사이토 마키

분량 1개분

1 인스턴트 커피 1.5큰술을 뜨거운 물 1큰술에 녹
   이고, 우유 80ml를 넣는다.

2 볼에 달걀 1개를 풀고, 1을 넣어 잘 섞는다. 설탕
   30g, 팬케이크 믹스 100g, 1을 넣고 덩어리지지
   않도록 재빨리 섞는다.

3 플레인 바움쿠헨의 만드는 방법을 참고하여 만
   든다(103쪽 참고).

_ 사이토 마키

PANCAKE RECIPE

87

감칠맛과 풍미가 최고

아몬드바움

분량   1개분

1 볼에 달걀 1개를 풀고, 우유 100ml를 넣어 잘 섞
   는다. 설탕 30g, 팬케이크 믹스 100g, 아몬드파
   우더 40g을 넣어 덩어리지지 않도록 재빨리 섞
   는다.

2 플레인 바움쿠헨의 만드는 방법을 참고하여 만
   든다(103쪽 참고).

_ 사이토 마키

PANCAKE RECIPE

88

짙은 향의 얼그레이를 추천

홍차바움

분량   1개분

1 홍차잎 1작은술을 잘게 다지거나, 절구로 빻는다.

2 볼에 달걀 1개를 풀고, 우유 100ml를 넣어 잘 섞
   는다. 설탕 30g, 팬케이크 믹스 100g, 1을 넣고,
   덩어리지지 않도록 재빨리 섞는다.

3 플레인 바움쿠헨의 만드는 방법을 참고하여 만
   든다(103쪽 참고).

_ 사이토 마키

방금 만든 따끈따끈함 폭신폭신 도넛

분량 8~10개분

재료 팬케이크 믹스 200g, 달걀 1개,
우유 2큰술, 튀김기름

1 볼에 달걀을 넣어 거품기로 젓고, 팬케이크 믹스와 우유를 넣는다.

2 손가락으로 반죽을 섞는다. 한 덩어리가 되면 반죽을 접어가며 눌러
가루 느낌이 없어질 때까지 반복하여 섞는다.

3 작업대에 랩을 크게 깔고, 반죽이 붙지 않도록 덧가루(분량 외, 강력분
등)를 뿌린다.

4 한 덩어리가 된 2를 올리고 반죽 위에 덧가루를 뿌린 후 랩을 씌운
다. 밀대로 5mm 두께로 밀어 편다.

TIP 만약 반죽이 너무 부드러워 밀기 어렵다면 냉장고에 넣어 휴지시킨다.

5 도넛 틀에 덧가루를 가볍게 묻힌 후, 반죽을 살짝 눌러 찍는다. 가운
데의 동그란 부분을 함께 튀겨도 좋다.

6 튀김기름을 160℃로 달군 후 5를 넣는다. 한 면을 2~3분씩, 옅은 갈
색이 나도록 튀겨 식힘망 위에 올린다.

_ 사이토 마키

TIP 도넛 틀이 없을 경우

컵으로 찍고 페트병 뚜껑으로 가운데
를 찍으면 링 모양을 만들 수 있다.

진하게 아이싱한 카페 스타일 크림치즈 도넛

분량 약 7개분

재료 팬케이크 믹스 200g, 달걀 1개, 설탕 1/2작은술, 우유 2큰술, 튀김기름, 달걀흰자 1큰술, 슈가파우더 25g, 레몬즙 약간, 크림치즈(상온에 둔다) 50g, 코코아파우더

1 볼에 달걀을 넣어 거품기로 젓고, 팬케이크 믹스와 우유를 넣어 한 덩어리가 되도록 잘 섞는다.

2 작업대에 덧가루(분량 외, 강력분 등)를 뿌리고 반죽을 평평하게 펴서 도넛 틀로 찍는다. 160℃로 달군 튀김기름에 양면이 옅은 갈색이 되도록 튀긴다.

3 달걀흰자에 슈가파우더를 약간씩 넣어가며 거품기로 섞은 후 레몬즙을 넣어 섞는다.

4 다른 볼에 크림치즈를 넣어 부드럽게 젓는다. 3을 조금씩 넣어 섞어 걸쭉해지면, 도넛 위에 바른다. 취향에 따라 코코넛을 올려 장식한다. 코코아파우더를 찍어 먹는다.

_ 구로카와 유코

먹기 좋은 한입 크기 고구마&참깨 미니 도넛

분량 15개 · 5개분

재료 팬케이크 믹스 100g, 고구마 50g, 달걀물 1/2개분, 우유 1큰 술, 볶은 흑임자 1큰술, 튀김기 름, 그래뉴당

1 고구마는 1cm 두께의 링 모양으로 썰어 물에 담근다. 물기를 제거하고 내열 용기에 넣어 랩을 씌운 후 전자레인지(600W)로 2분 30초간 가열한다. 뜨거울 때 껍질을 벗기고 체에 내리거나 으깬다.

2 볼에 달걀물과 우유를 넣고 거품기로 섞은 후, 팬케이크 믹스를 넣어 섞는다. 1과 흑임자를 넣고 섞은 후, 손으로 한 덩어리를 만든다. 탁구 공보다 약간 작은 크기로 빚는다.

3 튀김기름을 160℃로 달군 후 2를 넣어 옅은 갈색이 나도록 튀긴다. 망으로 건져낸 후 뜨거울 때 그래뉴당을 묻힌다. 3개씩 한 꼬치에 꽂는다.

_ 구로카와 유코

사과를 도톰하게 잘라 더욱 맛있는 **사과 프리터**°

분량 5개분

재료 팬케이크 믹스 100g, 달걀물 1개, 우유
4큰술(60ml), 사과(가능하면 홍옥) 1개, 튀
김기름, 슈가파우더

1 사과는 깨끗이 씻어 껍질째 가로로
1cm 두께로 썬 후, 심을 제거한다.

2 볼에 달걀물과 우유를 넣고 거품기
로 섞은 후, 팬케이크 믹스를 넣어 부
드럽게 섞는다.

3 사과 양면을 2의 반죽으로 골고루
묻혀 170℃의 튀김기름에 넣어 엷은
갈색이 나도록 튀긴다. 철망으로 건
져 식힌 후 슈가파우더를 뿌린다.

_ 와타나베 마키

● 프리터(Fritter) : 고기, 채소, 생선, 과일 등에
걸쭉한 반죽을 입혀서 튀긴 음식.

쫄깃한 식감 두부 도넛

분량 16개분

재료 팬케이크 믹스 200g, 두부 200g, 달걀 1개, 볶은 흑임
자 1큰술, 튀김기름, 설탕

1 볼에 두부를 넣고 거품기로 으깬 후, 달걀을 넣고
부드럽게 섞는다. 팬케이크 믹스를 넣고 가루 느
낌이 없어질 때까지 섞는다.

2 1을 2개의 스푼을 이용해 달걀 모양을 만들어
160℃로 달군 튀김기름에 넣어 옅은 갈색이 나도
록 튀긴다. 기름기를 뺀다.

3 접시에 담아 설탕(사진은 굵은 설탕)을 뿌린다.

_ 이시자와 기요미

하와이 튀김빵 말라사다°

분량 10개분

재료 팬케이크 믹스 100g, 달걀 1개, 우유 70ml, 튀김기름,
그래뉴당 50g, 시나몬파우더 1작은술

1 달걀은 노른자와 흰자를 분리한다.

2 볼에 팬케이크 믹스, 우유, 달걀노른자 순서로 넣
어 섞는다.

3 다른 볼에 달걀흰자를 넣고, 뾰족하게 설 정도로
거품을 낸 후 2에 넣고 가볍게 섞는다.

4 튀김기름을 160℃로 달군 후 3의 반죽을 스푼으
로 떠서 조심스럽게 넣는다. 중간중간 뒤집어가
며 3~4분간 옅은 갈색이 되도록 튀긴 후 철망으
로 건진다.

5 한 김 식으면 그래뉴당과 시나몬파우더를 잘 섞
어 뿌린다.

_ 사이토 마키

● 말라사다(Malasada) : 하와이언 도넛.

채소를 넣은 응용 도넛

채소 도넛

분량 16개분

재료 팬케이크 믹스 200g, 브로콜리 60g, 당근 60g, 달걀 2개, 우유 2큰술, 튀김기름

1 브로콜리는 다지고, 당근은 강판에 간다.

2 볼에 달걀을 넣고 거품기로 저은 후, 우유를 넣어 부드럽게 섞는다. 팬케이크 믹스를 넣고 가루 느낌이 없을 때까지 섞는다. 반으로 나눠, 하나는 브로콜리, 다른 하나는 당근을 넣어 2가지 색의 반죽을 만든다.

3 스푼 2개로 달걀 모양으로 만들어 160℃로 달군 튀김기름에 넣은 후, 아래쪽이 노릇해지면 뒤집는다. 중간중간 뒤집어 전체가 고른 색이 되도록 튀긴다. 기름기를 빼고, 취향에 따라 레몬을 곁들인다.

_ 이시자와 기요미

오키나와 델리에서 먹을 수 있는 맛

사타안다기*

분량 20개분

재료 팬케이크 믹스 200g, 달걀 2개, 흑설탕 50g, 튀김기름

1 볼에 달걀을 넣고 거품기로 저은 후 흑설탕을 넣고 부드럽게 섞는다. 팬케이크 믹스를 넣어 가루 느낌이 없을 때까지 섞는다.

2 160℃의 튀김기름에 1을 스푼으로 동그랗게 만들어 넣는다. 스푼에 기름(분량 외)을 얇게 바른 후 동그란 모양을 만들면 좋다. 전체적으로 옅은 갈색이 되고 금이 가기 시작할 때까지 튀긴다. 기름기를 뺀다.

_ 이시자와 기요미

● 사타안다기(サ-タ-アンだギ) : 오키나와의 동그란 도넛.

참을 수 없는 바삭함

도그

두툼한 소시지로 만든 **아메리칸 도그**

분량 3~4개분

재료 팬케이크 믹스 50g, 우유 50ml,
소시지 3~4개, 튀김기름, 토
마토케첩

1 볼에 팬케이크 믹스와 우유를 넣어 거품기로 잘 섞는다. 너무 되직하
   면 우유를 더 넣어 농도를 조절한다.
2 소시지는 꼬치에 끼워 1로 튀김옷을 전체적으로 입히고, 170℃로 달
   군 튀김기름에 넣어 옅은 갈색이 되도록 튀긴다. 접시에 담고 토마토
   케첩을 뿌린다.

_ 호리에 사와코

TIP 반죽을 스푼으로 얹으면, 튀김옷이 잘
입혀진다. 옷을 입히자마자 바로 기름에 넣
어 튀긴다.

113

재료를 바꿔가며 즐길 수 있는 **골라 먹는 도그**

분량 5개분

재료 팬케이크 믹스 100g, 달걀 1개, 우유 4
큰술(60㎖), 삶은 메추리알 10개, 튀김
기름

1 메추리알은 물기를 닦아 2개씩 꼬치
에 꽂는다.

2 볼에 달걀을 풀고, 우유를 넣어 섞는
다. 팬케이크 믹스를 넣어 섞는다.

3 1에 2의 튀김옷을 묻히고, 여분의 튀
김옷을 털어낸다. 160℃의 튀김기름
에 넣어 옅은 갈색이 되도록 튀긴다.

_ 이시바시 가오리

PLUS RECIPE

메추리알 대신 슈마이나 카망베르치즈로
만들어도 좋다.

슈마이 | 시판 슈마이를 튀김옷으로 입
혀 같은 방법으로 튀긴다.

카망베르치즈 | 팬케이크 믹스와 함께
해초가루 1~2작은술을 넣고 섞는다. 한
입 크기로 자른 카망베르치즈에 튀김옷
을 입혀 같은 방법으로 튀긴다.

달콤한 바나나가 일품인 **바나나 도그**

분량 2개분

재료 팬케이크 믹스 100g, 우유 100㎖, 바나
나 1개, 튀김기름

1 바나나는 길이 방향으로 반을 잘라,
꼬치에 꽂는다.

2 볼에 팬케이크 믹스와 우유를 넣고
잘 섞은 후, 작은 트레이 또는 접시에
담는다.

3 바나나를 돌려가며 2의 튀김옷을 입
힌다. 170℃의 튀김기름에 넣어 옅은
갈색이 나도록 튀긴다.

_ 사이토 마키

팬케이크 믹스와 일본 식재료의 조화

화과자

꿀과 맛술로 촉촉하게 구운 도라야키*

분량 6개분

재료 팬케이크 믹스 100g, 달걀 2개,
꿀 60g, 맛술 1큰술, 팥소(시판
품, 팥앙금) 180g

1 볼에 달걀을 넣어 거품기로 저은 후, 꿀과 맛술을 넣어 부드럽게 섞는
다. 팬케이크 믹스를 넣어 가볍게 섞는다.

2 핫플레이트 또는 수지가공된 프라이팬을 달군 후, 1을 1/2국자씩 넣
어 직경 8~10cm 크기로 만든다. 열은 갈색이 되면 뒤집어 조금 더
굽는다. 총 12장을 만든다. 구워진 팬케이크는 한 김 식힌다. 구운 바
닥이 만나도록 2장을 겹쳐두어도 좋다.

3 팥소를 6등분하여 구운 팬케이크 2장 사이에 넣는다. 나머지도 같은
방법으로 만든다.

● 도라야키(どら焼き) : 물에 갠 밀가
루를 동그랗게 구워, 사이에 팥소
를 넣은 케이크.

_ 이시자와 기요미

안미츠 스타일의 재료를 넣은 **프루츠 도라야키***

분량　6개분

재료　팬케이크 믹스 100g, A [달걀 1개, 우유
2큰술, 꿀 1큰술, 맛술 2작은술], 팥소(시
판품, 팥앙금) 60g, 크림치즈 60g, 키위
(반달썰기) 1/2개, 귤(통조림) 6조각

1 볼에 A를 넣고 거품기로 섞은 후, 팬
　케이크 믹스를 넣어 잘 섞는다.

2 수지가공된 프라이팬을 중불로 달군
　후 젖은 행주에 올린다. 다시 약불
　에 올려 반죽 2큰술을 동그란 모양
　이 되도록 올려 굽는다. 표면에 구멍
　이 뿅뿅 생기기 시작하면 뒤집어 살
　짝 굽는다. 총 6장을 구워 반으로 접
　어 식힌다.

3 팥소, 크림치즈, 키위, 귤을 사이에 넣
　어 감싼다.

_ 구로키 유코

TIP 식은 후 접으면 잘려지
기 쉬워, 굽자마자 면보 등으
로 잡고 반으로 접는다.

● 안미츠(あんみつ) : 팥과 흑설탕을 이용하여
　만든 일본 디저트.

팥소와 바나나의 조합 바나나버터 도라야키

분량 12개분

재료 팬케이크 믹스 100g, 달걀 2개, 꿀 40g, 설탕 40g, 팥소(시판품, 팥앙금) 150g, 버터(상온에 둔다) 30g, 바나나(5mm 두께로 링썰기) 1개

1 볼에 달걀을 넣고 거품기로 젓는다. 물 50ml, 꿀, 설탕을 넣어 섞은 후 설탕이 완전히 녹으면 팬케이크 믹스를 넣어 잘 섞는다.

2 수지가공된 프라이팬을 달군 후 1을 1/2국자 넣어 동그랗게 굽는다. 엷은 갈색이 되면 뒤집어 가볍게 굽는다. 총 12장을 만든다.

3 부드럽게 된 버터에 팥소를 넣어 섞는다. 바나나와 함께 2에 올려 반으로 접는다.

_ 이시자와 기요미

말차로 만든 고급스러운 맛 **말차 도라야키**

분량 7~8개분

재료 팬케이크 믹스 100g, 말차 1/2작은술, 달걀 1개, 우유 60ml, 식용유 약간, 생크림 100ml, 삶은 팥(통조림) 100g

1 팬케이크 믹스에 말차를 차 거름망으로 체로 쳐서 넣고, 거품기로 전체적으로 섞는다.

2 볼에 달걀을 풀고, 우유, 1의 순서로 넣어 섞는다.

3 달군 프라이팬에 식용유를 얇게 두르고, 반죽을 직경 6cm 크기로 올려 양면을 노릇하게 구운 후 한 김 식힌다. 총 14~16장을 만든다.

4 생크림은 약간 뾰족할 정도로 거품을 낸 후, 팥을 넣어 섞는다.

5 3의 2장이 하나가 되도록 하여 4의 크림을 사이에 넣는다.

_ 고지마 기와

물고기 모양으로 구운

물고기 도라야키

분량 20개분

재료 팬케이크 믹스 100g, 달걀 2개, 설탕 80g, 맛술 1작은 술, 팥소(팥앙금) 150g, 흑임자 가루 15g

1 볼에 달걀을 넣고 거품기로 저은 후, 물 50ml와 설탕, 맛술을 넣고 잘 섞어 설탕을 완전히 녹인 다. 팬케이크 믹스를 넣고 섞는다.

2 팥소에 흑임자를 넣고 잘 섞은 후, 20등분하여 가늘고 긴 모양을 만든다.

3 수지가공된 프라이팬을 달군 후 1을 1/2국자씩 긴 타원형 모양으로 올려 굽는다. 옅은 갈색이 들 면 뒤집어 조금 더 굽는다.

4 2를 올려 반으로 접고, 10초 정도 누른 후 꺼낸 다. 불로 달군 금속 꼬챙이로 눈, 꼬리 모양을 그 린다.

_ 이시자와 기요미

겉은 바삭하고 안은 보송한

카린토우°

분량 4인분

재료 팬케이크 믹스 100g, 달걀흰자 1개분, 식용유 1작은술, 튀김기름, 흑설탕 50g

1 볼에 달걀흰자, 식용유, 물 1작은술을 넣고 잘 섞 는다. 팬케이크 믹스를 넣고 약간 되직하게 손으 로 반죽한다. 물이 부족하면 조금 더 보충한다.

2 직경 7~8mm의 막대 모양으로 늘려 5cm 길이 로 자른다. 160℃의 튀김기름에 노릇하게 튀긴다. 기름기를 빼고 식힌다.

3 냄비에 흑설탕과 물 2큰술을 넣고 타듯이 졸인 다. 윤기가 나면 2를 넣고 버무린다. 단단해지기 전에 재빨리 쿠킹시트에 넓게 펴서 식힌다.

_ 후지이 메구미

● 카린토우(花林糖) : 일본 막과자 중 하나.

밤으로 진한 맛을 낸 바삭한 밤만쥬

분량 10개분

재료 팬케이크 믹스 200g, 달걀 1개, 우유 1큰
술, 밤조림(시판품) 80g, 팥소(시판품, 팥앙
금) 80g, 볶은 참깨

1 밤조림은 5mm 크기로 다져 팥소에
넣어 섞은 후, 10등분하여 동그랗게
만든다.

2 볼에 달걀을 넣고 거품기로 저은 후,
우유, 팬케이크 믹스 순서로 넣어 부
드럽게 섞는다.

3 긴 모양으로 만들어 10등분으로 자
른 후, 하나씩 동그랗게 만든다.

4 3을 약간 평평하게 만들어 1을 올리
고 가장자리를 늘려 감싼다. 이음매
가 아래로 가게 놓은 후 납작하게 누
른다.

5 수지가공된 프라이팬을 달군 후 이
음매가 아래로 가게 4를 올리고, 표
면에 약간의 참깨를 올린다. 뚜껑을
덮고 약불에서 노릇하게 굽는다. 뒤
집어 살짝 누른 후, 다시 뚜껑을 덮어
노릇하게 굽는다.

_ 이시자와 기요미

POINT 둥근 반죽을 평평하게 누른
후 팥소를 올린다. 가장자리를 늘려
가며 잘 감싸도록 한다.

PART 3

. . .

선물로도 좋은
달콤한 디저트

왠지 만들기 어려울 것 같은 과자도 팬케이크 믹스만 있으면 간편하게 만들 수 있다. 오븐으로 굽

는 것뿐만 아니라, 오븐토스트로 만드는 쿠키, 달걀팬으로 만드는 롤케이크까지 선물이나 파티용

디저트로 제격인 놀랄 만한 레시피가 가득하다.

선물로 주기 좋은
쿠키

달달하면서도 가벼운 식감이 최고 **토스트 쿠키**

분량 약 20개분

재료 팬케이크 믹스 100g, 버터(상온에 둔다) 50g, 설탕 20g, 달걀노른자 1개분, 우유 1큰술

1 볼에 부드럽게 만든 버터와 설탕을 넣고 거품기로 섞는다.

2 새하얗게 되면 달걀노른자를 넣고 다시 잘 섞는다.

3 팬케이크 믹스를 넣고 고무 주걱으로 자르듯이 섞는다.

4 70% 정도 섞어 가루 느낌이 있을 때, 우유를 넣어 부드럽게 되도록 섞는다.

5 오븐토스트 트레이에 쿠킹시트를 간다. 스푼 2개를 물로 적신 후 반죽을 일정한 간격으로 올린다. 스푼으로 가볍게 눌러 평평하게 만든다. 토스터로 6~7분간 노릇하게 굽고, 뜨거울 때 식힘망 위에 올려 식힌다.

_ 사이토 마키

TIP 쿠키는 스푼 2개를 이용하면 간단하게 성형할 수 있다. 스푼의 볼록한 부분으로 가볍게 눌러 얇고 평평하게 만든다. 굽는 시간도 단축되고 속까지 고르게 익어 바삭바삭하게 된다.

캐러멜의 단맛과 식감이 어우러진 **캐러멜 쿠키**

분량 약 20개분
재료 팬케이크 믹스 100g, 버터(상온에 둔다) 50g, 설탕 20g, 달걀노른자 1개분, 우유 1큰술, 캐러멜(시판품) 4개(약 20g)

1 캐러멜을 잘게 다진다.
2 볼에 부드럽게 만든 버터와 설탕을 넣고 거품기로 섞는다. 새하얗게 되면 달걀노른자를 넣고 다시 잘 섞는다.
3 팬케이크 믹스를 넣고 고무 주걱으로 자르듯이 섞는다. 가루 느낌이 있을 때 우유와 1을 넣어 부드럽게 섞는다.
4 오븐토스트 트레이에 쿠킹시트를 간후 토스트 쿠키와 같은 방법으로 굽는다(125쪽 참고). 뜨거울 때 식힘망 위에 올려 식힌다.

_ 사이토 마키

콩가루를 넣어 더욱 바삭바삭 **콩가루 쿠키**

분량 약 20개분

재료 팬케이크 믹스 60g, 콩가루 40g, 버터
(상온에 둔다) 50g, 설탕 20g, 달걀노른
자 1개분, 우유 1큰술

1 볼에 부드럽게 만든 버터와 설탕을
넣고 거품기로 섞는다. 새하얗게 되면
달걀노른자를 넣고 다시 잘 섞는다.

2 팬케이크 믹스와 콩가루를 넣고 고
무 주걱으로 자르듯이 섞는다. 가루
느낌이 있을 때 우유를 넣어 부드럽
게 섞는다.

3 반죽을 20등분하여 동그랗게 만든
후 평평하게 누른다.

4 오븐토스트 트레이에 쿠킹시트를 깐
다. 3을 올려 6~7분간 구운 후, 표면
이 노릇해지면 뜨거울 때 식힘망 위
에 올려 식힌다.

_ 사이토 마키

고소함에 달콤새콤함까지 호두&건포도 쿠키

분량 약 20개분
재료 팬케이크 믹스 100g, 버터(상온에 둔다)
50g, 설탕 20g, 달걀노른자 1개분, 우유
1큰술, 호두·건포도 20g씩

1 호두는 굵게 다진다.
2 볼에 부드럽게 만든 버터와 설탕을
넣고 거품기로 섞는다. 새하얗게 되면
달걀노른자를 넣고 다시 잘 섞는다.
3 팬케이크 믹스를 넣고 고무 주걱으
로 자르듯이 섞는다. 가루 느낌이 있
을 때 우유를 넣어 부드럽게 섞는다.
4 오븐토스트 트레이에 쿠킹시트를 깐
후 토스트 쿠키와 같은 방법으로 굽
는다(125쪽 참고). 뜨거울 때 식힘망
위에 올려 식힌다.

_ 사이토 마키

짭조름한 맛의 간식 치즈 쿠키

분량 약 20개분

재료 팬케이크 믹스 100g, 버터(상온에 둔다)
50g, 설탕 20g, 달걀노른자 1개분, 우유
1큰술, 치즈가루 2큰술

1 볼에 부드럽게 만든 버터와 설탕을
넣고 거품기로 섞는다. 새하얗게 되면
달걀노른자를 넣고 다시 잘 섞는다.

2 팬케이크 믹스와 치즈가루를 넣어
고무 주걱으로 섞고, 가루 느낌이 있
을 때 우유를 넣어 부드럽게 섞는다.

3 오븐토스트 트레이에 쿠킹시트를 깐
후 토스트 쿠키와 같은 방법으로 굽
는다(125쪽 참고). 뜨거울 때 식힘망
위에 올려 식힌다.

_ 사이토 마키

은은한 단호박의 단맛 단호박 쿠키

분량 약 20개분

재료 팬케이크 믹스 100g, 버터(상온에 둔다) 50g, 단호박(껍질 제거) 60g, 설탕 20g, 달걀노른자 1개분, 우유 1큰술

1 단호박은 1cm 크기로 깍둑썬다. 내열 용기에 넣고 랩을 씌워 전자레인지(600W)로 1분간 가열한 후 식힌다.

2 볼에 부드럽게 만든 버터와 설탕을 넣고 거품기로 섞는다. 새하얗게 되면 달걀노른자를 넣고 다시 잘 섞는다.

3 팬케이크 믹스를 넣어 고무 주걱으로 섞고, 가루 느낌이 있을 때 우유와 1을 넣어 부드럽게 섞는다.

4 오븐토스트 트레이에 쿠킹시트를 깐 후 토스트 쿠키와 같은 방법으로 굽는다(125쪽 참고). 뜨거울 때 식힘망 위에 올려 식힌다.

_ 사이토 마키

고구마를 넣은 소박한 단맛 고구마 쿠키

분량 약 20개분

재료 팬케이크 믹스 100g, 고구마 200g, 버터(상온에 둔다) 50g, 설탕 40g, 볶은 참깨 2큰술

1 고구마는 깨끗이 씻어, 껍질째 1cm 크기로 깍둑썰어 물에 담근다. 중간에 2~3회 물을 바꿔준다. 물기를 빼서 내열 용기에 넣고, 랩을 씌워 전자레인지(600W)로 부드럽게 가열한다. 1/2은 뜨거울 때 으깨 식힌다.

2 볼에 부드럽게 만든 버터와 설탕을 넣고 새하얗게 될 때까지 섞는다. 팬케이크 믹스와 1의 으깬 고구마를 넣고 가볍게 섞는다.

3 오븐토스트 트레이에 쿠킹시트를 깐다. 반죽을 스푼으로 일정한 간격으로 올려, 넓고 둥글게 편다. 나머지 고구마를 올리고, 참깨를 뿌려 170℃의 오븐에서 12분간 굽는다.

_ 와타나베 마키

오독오독 견과류가 일품 슈가너츠 쿠키

분량 약 30개분

재료 팬케이크 믹스 200g, 버터(상온에 둔다) 80g,
설탕 50g, 달걀노른자 1개분, 캐슈넛 50g

1 소금이 뿌려져 있는 캐슈넛은 소금을 털
고, 소금 간이 되어 있지 않은 캐슈넛은 오
븐토스트로 약 5분간 구워 굵게 다진다.

2 볼에 부드럽게 만든 버터를 넣고 거품기로
젓는다. 설탕을 두 번에 나눠 넣고 덩어리
가 없어질 때까지 섞은 후 달걀노른자를 넣
는다. 팬케이크 믹스를 체로 쳐서 넣는다.

3 재료가 잘 섞이면 캐슈넛을 넣고, 가루 느
낌이 없어질 때까지 고무 주걱으로 섞는다.

4 반죽을 한 덩어리로 만들어 비닐에 넣고,
냉장고에서 30분간 휴지시킨다.

5 직경 3cm 크기로 동그랗게 빚은 후, 동그
란 모양은 손가락으로 누르고, 초승달 모
양은 길게 늘려 'C'자 모양을 만든다. 고르
게 구워지도록 두께를 정리한다.

6 쿠킹시트를 간 철판에 같은 간격으로 올
려, 170℃의 오븐에서 15분간 굽는다. 뜨거
울 때 뒤집개로 식힘망 위에 올려 식힌다.

_ 이시자와 기요미

잼과 아몬드의 환상적인 조화 아몬드 & 잼 쿠키

분량 약 30개분

재료 팬케이크 믹스 200g, 버터(상온에 둔다)
100g, 설탕 50g, 달걀노른자 1개분, 아
몬드분태 100g, 달걀흰자, 라즈베리잼
(또는 취향에 맞는 잼) 3큰술

1 볼에 부드럽게 만든 버터를 넣고 거
품기로 젓는다. 설탕을 두 번에 나눠
넣고 덩어리가 없어질 때까지 섞은
후 달걀노른자를 넣는다. 팬케이크
믹스를 체로 쳐서 넣는다. 반죽을 한
덩어리로 만들어 비닐에 넣고, 냉장
고에서 30분간 휴지시킨다.

2 직경 3cm 크기로 동그랗게 빚은 후
평평하게 누른다. 달걀흰자를 바르고
아몬드분태를 뿌린다.

3 쿠킹시트를 간 철판에 같은 간격으
로 올려, 170℃의 오븐에서 15~20분
간 굽는다. 뜨거울 때 뒤집개로 식힘
망 위에 올려 식힌다.

_ 이시자와 기요미

바삭하면서 몽글몽글한 식감 **모양 샤브레**

분량 약 25개분

재료 팬케이크 믹스 150g, 초콜릿 20g, 버터
(상온에 둔다) 50g, 설탕 20g, 달걀 1개

1 초콜릿은 잘게 다진다.
2 볼에 부드럽게 만든 버터와 설탕을
   넣고 거품기로 섞는다. 설탕이 모두
   녹으면 달걀, 팬케이크 믹스 순서로
   넣어 섞는다.
3 2를 2등분하여, 반에 1을 넣는다. 각
   각 한 덩어리로 만들어 비닐봉지에
   넣고, 냉장고에서 30분간 휴지시킨다.
4 비닐 위에서 5mm 두께가 되도록 밀
   대로 민다. 박력분(분량 외)을 가볍
   게 묻힌 모양 틀로 찍는다. 쿠킹시트
   를 깐 철판 위에 같은 간격으로 올려
   170℃의 오븐에서 15~20분간 굽는
   다. 부서지지 않도록 주의하며 뜨거
   울 때 뒤집개로 식힘망 위에 올려 식
   힌다.

_ 이시자와 기요미

동글동글 한입 **콩비지 미니 쿠키**

분량 약 60개분

재료 팬케이크 믹스 150g, 콩비지 150g, 버터 (상온에 둔다) 50g, 그래뉴당 50g, 달걀 1개

1 콩비지는 내열 용기에 펼쳐 담아, 랩을 씌우지 않은 채 전자레인지 (600W)로 5분간 가열한다. 한 번 섞은 후, 다시 5분간 가열하여 바로 꺼낸다. 섞으면서 식혀 보슬보슬한 상태를 만든다.

2 볼에 부드럽게 만든 버터를 넣고 저은 후, 그래뉴당을 두 번에 나눠 넣는다. 덩어리가 없도록 섞은 후 달걀, 팬케이크 믹스 순서로 넣어 섞는다.

3 1의 콩비지를 넣고 잘 섞는다. 직경 2cm 크기로 동그랗게 빚은 후, 그래뉴당(분량 외)을 묻힌다.

4 쿠킹시트를 깐 철판 위에 3을 올리고, 160℃의 오븐에서 25분간 굽는다. 식힘망 위에 올려 식힌다.

_ 이시자와 기요미

금방이라도 부서질 것 같은 크래클

분량 직경 4cm · 각 28개분

재료 **[말차 크래클]** 팬케이크 믹스 60g, 말차 1.5큰술, 콘스타치 40g, 아몬드파우더 50g, 버터 (상온에 둔다) 100g, 슈가파우더 30g, 슈가파우더(묻히기 용)

[커피 크래클] 팬케이크 믹스 80g, 인스턴트 커피 1작은술, 콘스타치 40g, 아몬드파우더 50g, 버터(상온에 둔다) 100g, 슈가파우더 30g, 슈가파우더 (묻히기 용)

1 볼에 부드럽게 만든 버터를 넣고 저은 후, 슈가파우더를 넣어가며 새 하얗게 되도록 한다.

2 팬케이크 믹스, 콘스타치, 아몬드파우더, 말차(또는 인스턴트 커피)를 체로 쳐서 넣고, 고무 주걱으로 섞는다.

3 반죽을 28등분하여 동그랗게 만든 후, 냉장고에 10분간 넣어 단단하게 만든다.

4 용기에 슈가파우더(묻히기 용)를 듬뿍 담고 3을 묻힌다. 쿠킹시트를 간 철판 위에 같은 간격으로 올려 170℃의 오븐에서 15~20분간 굽는다. 식힘망 위에 올려 식힌다.

5 커피 크래클도 같은 방법으로 만든다.

_ 이시바시 가오리

설탕 없이 만드는 심플 쿠키

설탕을 넣지 않은 심플한 쿠키는 맛은 소박할지 몰라도, 자유자재로 응용할 수 있다.
적은 재료로 만들 수 있다는 점도 또 하나의 장점!

PANCAKE RECIPE
119

충분히 구워 바삭바삭한 밀크 비스킷

분량 15개분
재료 팬케이크 믹스 100g, 버터 40g, 우유 20ml

1 볼에 팬케이크 믹스를 넣고, 버터는 손으로 으깨듯이 섞어 보슬보슬하게 만든다. 우유를 넣고 부드러울 때까지 섞는다.
2 15등분하여 7mm 두께로 평평하고 동글게 만든 후, 스푼으로 모양을 만든다. 쿠킹시트를 깐 트레이에 올려 오븐토스트에서 10분간 굽는다. 탈 것 같으면 중간에 알루미늄 포일을 덮는다.
_ 혼마 세쓰코

PANCAKE RECIPE
120

비스킷 위에 크림이 뱅글뱅글 몽블랑

시판 마롱페이스트 적당량과 생크림을 부드럽게 섞은 후, 밀크 비스킷 위에 짠다. 취향에 따라 슈가파우더를 뿌리고, 초코과자를 꽂는다.
_ 혼마 세쓰코

PANCAKE RECIPE
121

얼려 먹는 차가운 간식 아이스크림 샌드

밀크 비스킷 2장 사이에 취향에 맞는 아이스크림을 넣고 랩으로 감싼다. 냉동실에 넣어 차게 굳힌다.
_ 혼마 세쓰코

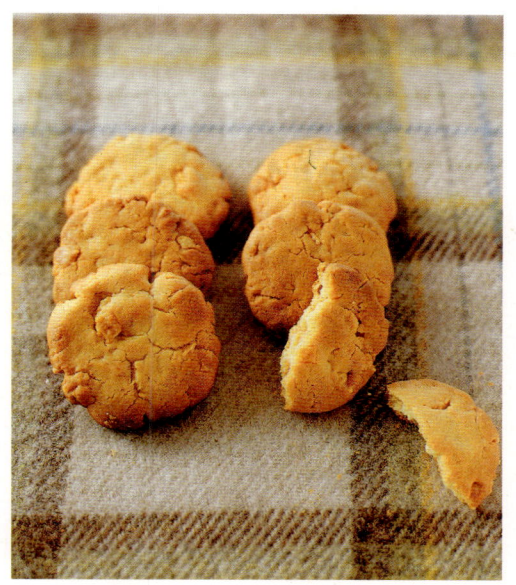

치즈&토마토로 맛을 낸
치즈스틱

분량 20개분

재료 팬케이크 믹스 100g, 버터 20g, 토마토주스 20ml, 치즈가루 20g

1 볼에 팬케이크 믹스를 넣고, 버터는 손으로 으깨듯이 섞어 보슬보슬하게 만든다. 토마토주스와 치즈가루를 넣고 부드러울 때까지 섞는다.

2 랩으로 감싸 5mm 두께로 밀어, 냉장고에서 10분간 차게 식혀 굳힌다.

3 5mm 폭의 스틱 모양으로 자르고, 쿠킹시트를 깐 트레이에 올려 오븐토스트에서 10분간 굽는다. 탈 것 같으면 중간에 알루미늄 포일을 덮는다.

_ 혼마 세쓰코

바삭바삭한 식감이 일품
콘프레이크 쿠키

분량 15개분

재료 팬케이크 믹스 100g, 버터 40g, 달걀노른자 1개분, 콘프레이크 30g

1 볼에 팬케이크 믹스를 넣고 버터는 손으로 으깨듯이 섞어 보슬보슬하게 만든다. 달걀노른자를 넣고 부드러울 때까지 섞는다.

2 콘프레이크를 부셔 넣고 섞는다.

3 15등분하여 평평하고 동그랗게 만든 후 쿠킹시트를 깐 트레이에 올려 오븐토스트에서 10분간 굽는다. 탈 것 같으면 중간에 알루미늄 포일을 덮는다.

_ 혼마 세쓰코

귀여운 모양에 푹 빠져드는
롤케이크

머랭을 넣어 부드러운 딸기크림 롤케이크

분량 3개분

재료 팬케이크 믹스 100g, 우유 80ml, 달걀노른자·달걀흰자 1개분씩, 식용유 1/2큰술, 생크림 100ml, 설탕 10g, 딸기 5~6개

1 볼에 팬케이크 믹스를 넣고 우유를 넣어 거품기로 잘 섞는다. 달걀노른자도 넣어 고르게 섞는다.

2 달걀흰자를 다른 볼에 넣고 핸드믹서로 거품을 낸 후 1에 넣는다. 가볍게 섞은 후 식용유를 넣어 섞는다.

3 달걀팬을 약불로 달구고 약간의 식용유(분량 외)를 얇게 둘러 키친타월로 넓게 바른다. 반죽의 1/3을 넣는다.

4 표면에 구멍이 뽕뽕 나면 뒤집어 1분간 더 굽는다. 접시에 꺼내 식힌다. 나머지도 같은 방법으로 구워 식힌다.

5 볼에 생크림과 설탕을 넣고 뾰족하게 설 정도로 거품을 낸다. 딸기는 4~6등분한다. 랩에 4를 1장 올리고, 생크림의 1/3을 가장자리 1cm 정도를 남기고 바른다. 랩을 들어 올려 돌돌 만다. 나머지도 같은 방법으로 말고, 잠시 그대로 둔 후 알맞은 크기로 자른다.

_ 사이토 마키

PLUS RECIPE

딸기 이외에도 키위를 잘라 넣어도 좋다.

달콤함의 절대 강자 초코&바나나 롤케이크

분량   3개분

재료   팬케이크 믹스 100g, 우유 80㎖, 달걀노른자 · 달걀흰자 1개분씩, 식용유 1/2큰술, 초콜릿 60g, 바나나(小) 3개

1 볼에 팬케이크 믹스를 넣고 우유, 달걀노른자, 뾰족하게 설 정도로 거품을 낸 달걀흰자, 식용유 순서로 넣어가며 거품기로 섞는다 (141쪽 참고).

2 약불로 달군 달걀팬에 약간의 식용유(분량 외)를 얇게 두른 후 반죽의 1/3을 넣는다. 표면에 구멍이 뽕뽕 나면 뒤집어 1분간 더 굽는다. 접시에 꺼내 식힌다. 총 3장을 굽는다.

3 초콜릿은 잘게 다져 볼에 넣고 50℃ 중탕으로 완전히 녹인다.

4 랩에 2를 1장 올리고 3의 1/3을 전체적으로 넓게 바른다. 바나나 1개를 앞쪽에 올린다. 랩을 들어 올려 돌돌 만다. 나머지도 같은 방법으로 말아 알맞은 두께로 자른다.

_ 사이토 마키

TIP 바나나의 길이가 긴 경우는 반죽의 폭에 맞춰 잘라 사용한다.

PANCAKE RECIPE
126

어딘가 모르게 그리운 맛 흑임자&팥 롤케이크

분량 3개분

재료 팬케이크 믹스 100g, 우유 80ml, 달걀노른자 · 달걀흰자 1개분씩, 식용유 1/2큰술, 볶은 흑임자 1큰술, 팥소(시판품, 팥앙금) 300g

1 볼에 팬케이크 믹스를 넣고 우유, 달걀노른자, 뾰족하게 설 정도로 거품을 낸 달걀흰자, 식용유, 흑임자 순서로 넣어가며 거품기로 섞는다.

2 약불로 달군 달걀팬에 약간의 식용유(분량 외)를 얇게 두른 후 반죽의 1/3을 넣는다. 표면에 구멍이 뽕뽕 나면 뒤집어 1분간 더 굽는다. 접시에 꺼내 식힌다. 총 3장을 굽는다.

3 랩에 2를 1장 올리고, 팥소의 1/3을 전체적으로 넓게 바른 후 랩을 들어 돌돌 만다. 나머지도 같은 방법으로 말아 알맞은 두께로 자른다.

_ 사이토 마키

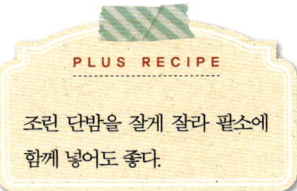

PLUS RECIPE

조린 단밤을 잘게 잘라 팥소에 함께 넣어도 좋다.

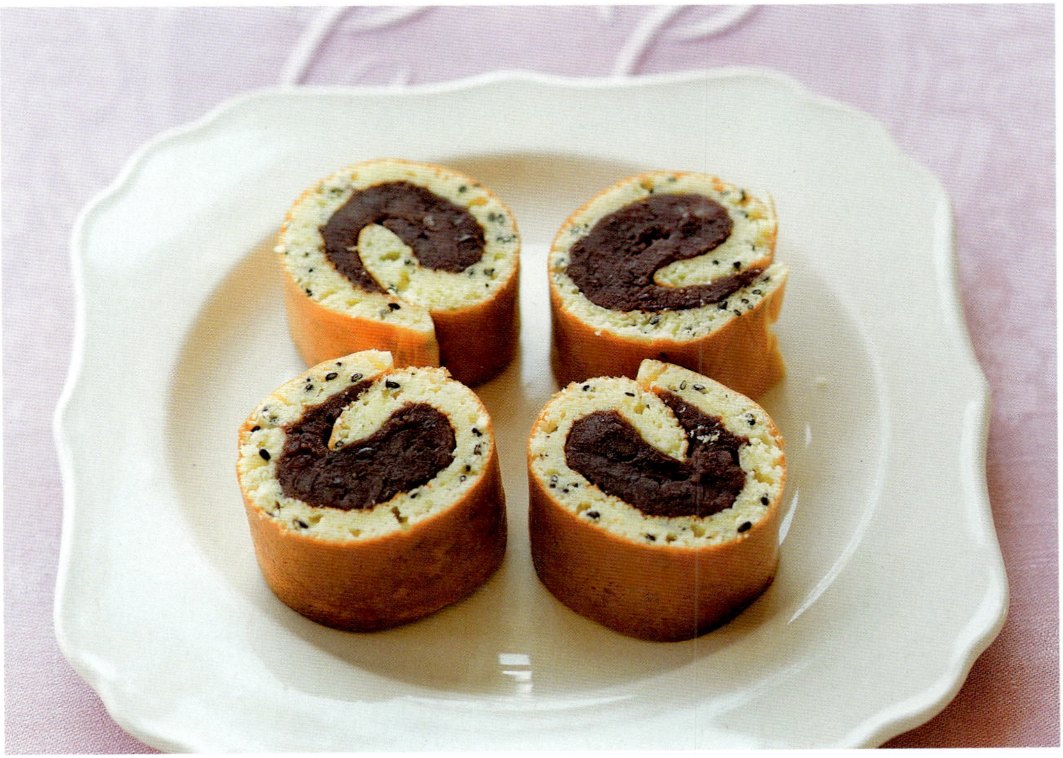

오븐이 있으면 큰 사이즈로!

새콤한 크림과 달콤한 프루츠의 만남 **요거트크림&프루츠 롤케이크**

분량 25cm 길이 · 1개분

재료 팬케이크 믹스 50g, 달걀 2개, 설탕 40g, 우유 1큰술, 플레인 요거트 50g, 생크림 50g, 설탕 1큰술, 믹스프루츠(통조림) 60g

1 달걀은 노른자와 흰자를 분리한다. 달걀흰자를 가볍게 저은 후 설탕을 넣어가며 뾰족하게 설 정도로 거품을 낸다. 달걀노른자와 우유를 잘 섞은 후, 팬케이크 믹스를 체로 쳐서 넣어 살짝 섞는다.

2 쿠킹시트를 간 철판에 넣고 170℃의 오븐에서 10~15분간 굽는다. 식힘망 위에 올려 한 김 식힌 후 랩으로 싸서 식힌다.

3 프루츠는 통조림 국물을 제거하고 1cm 크기로 깍둑썬다. 요거트에 생크림과 설탕 1큰술을 순서대로 넣어 거품을 낸다.

4 스폰지의 쿠킹시트를 떼어내고, 말 때 부서지지 않도록 앞쪽 2cm 부분을 칼등으로 두 번 눌러 접는 선을 만들어둔다. 도화지가 있으면 깐다.

5 3의 크림을 가장자리 2cm 정도를 남기고 도톰하게 바른다. 전체적으로 프루츠를 뿌린다. 크림이 중심에 가도록 쿠킹시트를 잡고 타이트하게 만다. 도화지가 있으면 한 바퀴 말아 모양을 고정시킨다. 도화지로 말아 냉장고에서 10분 이상 두어 차게 한다.

_ 이시자와 기요미

POINT 스폰지 케이크를 쿠킹시트 앞쪽에 두고 타이트하게 만다.

도화지 등으로 말아 모양을 정리하고, 고무줄로 묶어 식힌다.

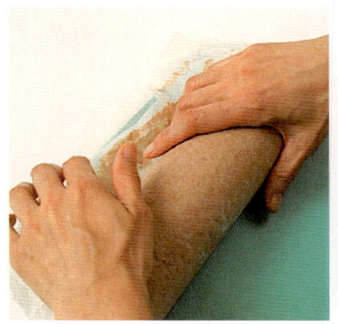
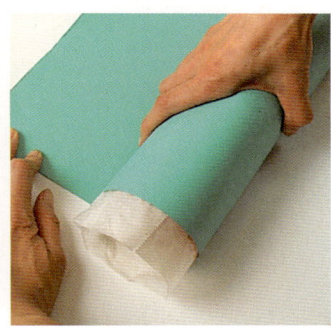

크림치즈와 포도로 보기 좋게 완성한 포도 미니 롤케이크

분량 8개분

재료 팬케이크 믹스 100g, A [달걀
1개, 우유 100ml, 설탕 · 식용
유 2큰술씩], 크림치즈(상온에
둔다) 100g, 포도(껍질째 먹을 수
있는 품종) 8~10개, 슈가파우더

1 상온에 두어 부드러워진 크림치즈는 크림 상태가 되도록 젓는다.

2 볼에 A를 넣고, 팬케이크 믹스를 넣어 가루 느낌이 없어질 때까지 섞
는다.

3 약불로 달군 달걀팬에 약간의 식용유(분량 외)를 얇게 두른 후 반죽
을 넣는다. 표면에 구멍이 뽕뽕 나면 뒤집어 30초~1분간 더 굽는다.
접시에 꺼내 식힌다. 총 8장을 굽는다.

4 3의 양 가장자리를 자르고 랩 위에 올린다. 아래 가장자리 1cm, 위
가장자리 3cm를 남기고 1을 넓게 바른다. 반으로 자른 포도를 올리
고 김밥 마는 요령으로 만다. 냉장고에 넣어 차게 한다.

5 취향에 따라 슈가파우더를 뿌리고, 나머지 크림치즈와 4등분으로 자
른 포도를 올린다.

_『코모』 모델 오카베 하나코

부드러운 크림의 농후한 맛 **고구마크림&코코아 롤케이크**

분량 25cm 길이 · 1개분
재료 팬케이크 믹스 50g, 달걀 2개, 코코아 2g, 설탕
50g, 우유 1큰술, 고구마(껍질 제거) 150g, 사과잼
60g, 설탕 1작은술, 생크림 3큰술

1 달걀은 노른자와 흰자를 분리한다. 달걀흰자
를 가볍게 저은 후 설탕을 넣어가며 뾰족하
게 설 정도로 거품을 낸다. 달걀노른자와 우
유를 넣고 잘 섞는다.

2 팬케이크 믹스에 코코아를 체로 쳐서 넣은
후에 1에 넣고 살짝 섞는다.

3 쿠킹시트를 깐 철판에 넣고 170℃의 오븐에
서 10~15분간 굽는다. 식힘망 위에 올려 한
김 식힌 후 랩으로 싸서 식힌다.

4 고구마는 껍질을 벗기고, 한입 크기로 잘라
삶는다. 꼬치가 들어갈 정도가 되면 삶은 물
을 버리고, 냄비를 흔들어 수분을 없앤다. 뜨
거울 때 포크로 으깬다. 사과잼과 설탕 1작
은술을 넣고 부드럽게 섞어 식힌 후 생크림
을 넣는다.

5 스폰지에 고구마크림을 발라 돌돌 만다(145쪽
4, 5 참고). 모양을 정리한 후, 냉장고에 10분
간 두어 알맞은 두께로 자른다.

_ 이시자와 기요미

갖가지 재료를 넣어 구우면 완성
머핀&마들렌

아메리칸 스타일의 머핀 **블루베리 머핀**

분량 8~10개분

재료 팬케이크 믹스 150g, 버터(상온에 둔다) 60g, 설탕 40g, 꿀 20g, 달걀물 2개, 우유 50ml, 블루베리(생) 100g

1 상온에 두어 부드러워진 버터를 볼에 넣고 거품기로 부드럽게 젓는다. 설탕을 두 번에 나눠 넣고 덩어리가 지지 않도록 섞는다. 꿀을 넣고 부드럽게 섞는다.

2 분리되지 않도록 팬케이크 믹스를 1큰술 넣어 섞은 후, 달걀물을 조금씩 넣어가며 촉촉하게 섞는다.

3 팬케이크 믹스의 1/2을 넣고 가루 느낌이 없어질 때까지 섞는다. 우유를 넣고 부드럽게 섞은 후 나머지 팬케이크 믹스를 넣어 덩어리지지 않도록 섞는다.

4 머핀 컵의 1/3까지 반죽을 넣고 블루베리를 뿌린다. 나머지 반죽을 넣고 다시 블루베리로 장식한다. 철판에 올려 150℃의 오븐에서 20~25분간 굽는다.

_ 이시자와 기요미

열대 과일을 올려 색을 더한 **망고 머핀**

분량 8~10개분

재료 팬케이크 믹스 150g, 망고 1개, 버터(상온에 둔다) 60g, 설탕 60g, 달걀물 2개, 슈가파우더

1 망고는 껍질을 벗기고 씨를 제거한다. 100g을 포크로 으깨고 나머지는 장식용으로 슬라이스한다. 으깬 망고는 내열 용기에 넣고 랩을 씌우지 않은 채 전자레인지(600W)로 3분간 가열하여 수분을 날린다.

2 상온에 두어 부드러워진 버터를 볼에 넣고 거품기로 젓는다. 설탕을 두 번에 나눠 넣고 덩어리가 지지 않도록 섞는다. 달걀물을 몇 회로 나눠 넣어가며 섞고, 망고도 넣어 섞는다.

3 팬케이크 믹스가 덩어리지지 않도록 섞는다. 푸딩컵 또는 머핀 틀에 유산지를 깔고 70% 정도 붓는다. 슬라이스한 망고를 올리고 170℃의 오븐에서 15~25분간 굽는다. 구운 후 슈가파우더를 뿌린다.

_ 이시자와 기요미

달콤새콤한 향이 일품 꿀&귤 머핀

분량 6개분

재료 팬케이크 믹스 200g, 달걀 2개, 귤 1개,
버터 50g, 꿀 2큰술

1 냄비에 버터를 넣고 중불에 올려, 기
포가 나기 시작하면 불을 약하게 줄
인다. 갈색이 되면 불에서 내린다.

2 귤은 껍질을 벗겨 1cm 두께로 자르
고, 껍질은 하얀 부분을 제거한 후
곱게 채썬다. 볼에 넣어 섞은 후, 꿀
을 넣은 채 20~30분간 그대로 둔다.

3 다른 볼에 달걀과 1의 끓인 버터를
넣고 섞는다. 팬케이크 믹스, 2를 넣
고 가루 느낌이 없어질 때까지 가볍
게 섞는다.

4 머핀 틀에 유산지를 깔고, 스푼으로
균일하게 반죽을 넣은 후 170℃의
오븐에서 20~25분간 굽는다.

_「코모」 모델 후카야 사와

은은한 메이플 시럽의 단맛 **마들렌**

분량 알루미늄컵 12개분

재료 팬케이크 믹스 100g, 달걀 2개, 설탕 60g, 메이플 시럽 70g, 버터 100g, 우유 1큰술

1 볼에 달걀을 넣고 거품기로 저은 후, 설탕과 메이플 시럽을 넣어 잘 섞는다.

2 버터는 전자레인지(600W)로 1분간 가열하여 녹인 후 1에 넣는다. 우유를 넣고 걸쭉하게 섞는다. 팬케이크 믹스를 체로 쳐서 넣고, 거품기로 촉촉하게 섞는다.

3 알루미늄컵의 70% 정도 반죽을 넣고 180℃의 오븐에서 10~20분간 굽는다.

_ 이시자와 기요미

POINT 녹인 버터를 넣어 잘 섞는 것이 가장 중요하다.

바삭한 식감이 가진 맛

스콘

바삭바삭 식감이 포인트 사각 스콘

분량 약 10개분

재료 팬케이크 믹스 200g, 버터 80g,
달걀노른자 1개분, 우유 2큰술

1 버터는 1cm 크기로 깍둑썰고, 사용하기 직전까지 냉장고에 넣어 차게 한다.

2 볼에 팬케이크 믹스와 차게 만든 버터를 넣고, 버터에 가루를 뿌려가며 손끝으로 반죽하여 보슬보슬하게 만든다.

3 달걀노른자와 우유를 2에 넣고 고무 주걱으로 섞는다. 반죽을 접어 겹쳐가며 반죽하여 한 덩어리를 만든다. 반죽이 너무 묽으면, 비닐에 넣어 냉장고에서 30분간 차게 한다.

4 비닐 위에서 2cm 두께로 밀대로 밀어 펴고, 덧가루(분량 외, 박력분)를 뿌리고 두들겨 칼로 정사각형으로 자른다. 자투리는 다시 합쳐 모양을 만든다.

5 쿠킹시트를 깐 철판 위에 일정한 간격으로 올리고, 170℃의 오븐에서 15~20분간 굽는다. 버터나 잼을 곁들여 따뜻할 때 먹는다(차가워지면 단단해지기 때문에, 전자레인지로 데워 먹어도 좋다).

_ 이시자와 기요미

POINT 손끝으로 보슬보슬하게 만든다. 버터는 체온에서 녹기 때문에 재빠르게 반죽한다.

새콤달콤해서 계속 손이 가는 **블루베리 스콘**

분량 약 10개분

재료 팬케이크 믹스 200g, 버터 80g, 소금 1/2작은술, 우유 50ml, 블루베리(생) 60g

1 버터는 1cm 크기로 깍둑썰고 사용하기 직전까지 냉장고에 넣어 차게 한다.

2 볼에 팬케이크 믹스와 소금을 체로 쳐서 넣고, 차게 만든 버터를 넣는다. 버터에 가루를 뿌려가며 손끝으로 반죽하여 보슬보슬하게 만든다.

3 우유를 넣고 고무 주걱으로 섞으면서 손으로 반죽한 후 블루베리를 넣는다. 블루베리가 으깨지지 않도록 조심스럽게 한 덩어리를 만든다.

4 덧가루(분량 외, 박력분)를 뿌린 도마 위에 3을 올리고, 밀대로 9×19cm에 2cm 두께로 밀어 편 후, 삼각형 모양으로 자른다.

5 쿠킹시트를 깐 철판 위에 4를 올리고, 솔로 우유(분량 외)를 발라 200℃의 오븐에서 25분간 굽는다.

_ 이시바시 가오리

화이트초콜릿과 크랜베리의 조합 크랜베리 스콘

분량 4개분

재료 팬케이크 믹스 200g, 녹인 버터 50g, 드라이 크랜베리 30g, 우유 2큰술, 화이트초콜릿 20g

1 녹인 버터와 팬케이크 믹스를 볼에 넣는다. 걸쭉해지지 않도록 고무 주걱으로 자르듯이 섞는다.

2 촉촉해지면 우유와 크랜베리를 넣고 섞고, 한 덩어리를 만든 후 랩으로 감싸 냉장고에서 30분간 차게 한다.

3 2를 도마 위에 올려, 밀대로 10×15cm 정도로 민 후, 삼각형이 되도록 4등분한다. 170℃의 오븐에서 15분간 구운 후 식힘망 위에 올려 한 김 식힌다. 중탕으로 녹인 화이트초콜릿을 뿌린다.

_ 단노 마리코

단맛이 한층 더 업그레이드 **감&아몬드 스콘**

분량 6개분

재료 팬케이크 믹스 200g, 버터 30g,
우유 2큰술, 아몬드 30g, 감 1개

1 아몬드는 굵게 다지고, 감은 1cm 크기로 깍둑썬다.

2 볼에 버터를 넣고 전자레인지(600W)로 가열한 후 팬케이크 믹스를
넣고 고무 주걱으로 자르듯이 섞는다. 보슬보슬해지면 1과 우유를 넣
고 가볍게 섞는다.

3 반죽을 6등분하여 가볍게 뭉친 후, 쿠킹시트를 깐 철판 위에 올린다.
180℃의 오븐에서 15~20분간 굽는다.

_「코모」모델 미야마 가야노

민트향이 은은하게 퍼지는 초콜릿&민트 하트 스콘

분량   약 12개분

재료   팬케이크 믹스 200g, 버터 80g,
달걀노른자 1개분, 우유 1큰술,
초콜릿 40g, 민트티 1/2큰술(티
백일 경우, 1봉지분)

1   버터는 1cm 크기로 깍둑썰고 사용하기 직전까지 냉장고에 넣어 차게 한다. 민트티는 홍차잎이 들어 있는 것으로 다진다.

2   볼에 팬케이크 믹스, 초콜릿, 민트티를 넣어 가볍게 섞은 후, 차가운 버터를 넣는다. 버터에 가루를 뿌려가며 손으로 섞어 보슬보슬하게 만든다.

3   달걀노른자와 우유를 합쳐 넣고, 한 덩어리가 되도록 한다. 비닐에 넣어 30분간 냉장고에 넣고 차게 한 후 2cm 정도의 두께가 되도록 밀어 하트 모양으로 찍는다. 자투리는 모아 다시 모양 틀로 찍는다.

4   쿠킹시트를 깐 철판 위에 일정한 간격으로 올려 170℃의 오븐에서 15~20분간 굽는다.

_ 이시자와 기요미

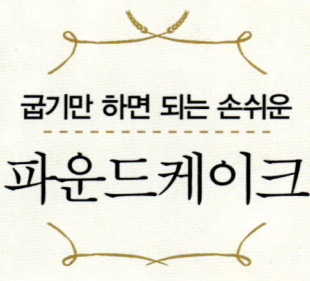

은은한 레몬 향이 고급스러운 레몬 파운드케이크

분량 18×8×6cm 파운드 틀 1개분

재료 팬케이크 믹스 120g, 버터 90g, 그래뉴당 90g, 달걀물 2개, 레몬즙 2작은술, 레몬 껍질 간 것 1/2개분

준비 재료는 모두 상온에 둔다. 파운드 틀에 맞게 쿠킹시트를 잘라 깐다(193쪽 Point 참고).

1 볼에 버터를 넣고 고무 주걱으로 부드러운 상태가 되도록 젓는다. 그래뉴당을 넣고 거품기로 새하얗고 부드럽게 섞는다.

2 달걀물을 조금씩 넣어가며 섞는다.

3 팬케이크 믹스를 3번에 나눠 넣고 고무 주걱으로 섞는다. 2번째 넣은 후 레몬즙과 레몬 껍질을 넣고 섞는다. 나머지 팬케이크 믹스를 넣고 섞는다.

4 전체에 윤기가 들고 가루 느낌이 없어지면, 준비한 틀에 반죽을 넣고 고무 주걱으로 표면을 다듬는다. 틀 바닥을 가볍게 쳐서, 170℃의 오븐에서 40~45분간 굽는다. 꼬치로 찔렀을 때 아무것도 묻어나지 않으면 틀을 분리하고 식힘망 위에 올려 식힌다.

_ 시모사코 아야미

PANCAKE RECIPE

140

달걀과 버터를 사용하지 않은 마블 파운드케이크

분량 7×21cm 파운드 틀 1개분

재료 팬케이크 믹스 200g, **A** [두유 100ml, 올리브 오일 100ml, 설탕 3큰술], 당근 간 것 50g, 캐슈넛 6개

준비 파운드 틀에 맞게 쿠킹시트를 잘라 깐다.

1 볼에 A를 넣고 거품기로 잘 섞는다.

2 팬케이크 믹스를 넣고 가루 느낌이 없어질 때까지 섞는다. 반죽의 1/3을 다른 볼에 넣고, 당근 간 것을 넣어 섞는다.

3 준비한 틀에 플레인 반죽과 당근 반죽을 번갈아 넣고, 캐슈넛을 올린다. 170℃의 오븐에서 35~40분간 굽는다.

_『코모』 모델 미야마 가야노

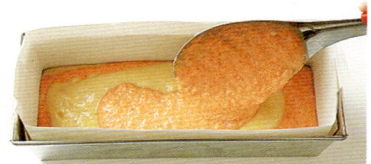

POINT 두 가지 반죽은 꼭 번갈아 넣지 않아도 된다. 섞으면 단면이 보기 좋게 마블 형태로 구워진다.

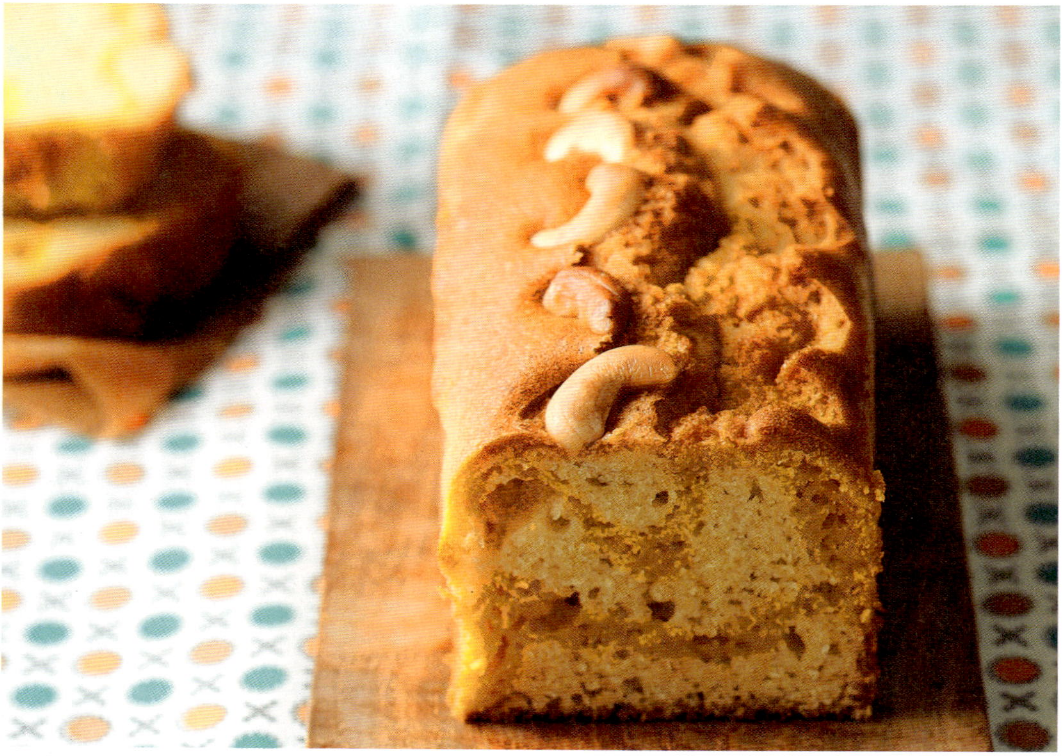

PANCAKE RECIPE
141

PANCAKE RECIPE
142

홍차&감귤의 풍미가 돋보이는

홍차&마멀레이드 파운드케이크

흑설탕과 바나나의 진한 단맛

바나나 브레드

분량 5×14cm 파운드 틀 2개분
재료 팬케이크 믹스 200g, 녹인 버터 100g, 우유 100ml, 달걀 1개, 마멀레이드 5큰술, 넛맥 1/4작은술, 홍차잎 1큰술, 마멀레이드(장식용) 2큰술
준비 파운드 틀에 맞게 쿠킹시트를 잘라 깐다.

1 볼에 달걀을 풀고, 마멀레이드, 넛맥, 녹인 버터, 우유를 넣고 걸쭉하게 잘 섞는다.
2 팬케이크 믹스, 홍차를 넣고 가루 느낌이 없어질 때까지 섞는다.
3 준비한 틀에 넣고 고무 주걱으로 표면을 다듬는다. 170℃의 오븐에서 20~25분간 굽는다. 굽기 시작하고 10분이 지난 후, 표면에 세로로 칼집 1개를 넣으면 깔끔한 모양으로 구워진다. 틀째로 식히고 마멀레이드를 바른다. 알맞은 크기로 잘라 접시에 담고 생크림을 곁들인다.

_ 단노 마리코

분량 18×8×6.5cm 파운드 틀 1개분
재료 팬케이크 믹스 150g, 버터(상온에 둔다) 100g, 흑설탕(없으면 상백당) 70g, 달걀 2개, 바나나 2개, 레몬즙 1작은술

1 바나나 150g은 포크로 으깨고, 나머지는 얇게 링 모양으로 썰어 레몬즙을 뿌려둔다.
2 볼에 버터를 넣고 거품기로 크림 상태를 만든다. 흑설탕을 넣고, 모두 녹도록 섞는다. 분리되지 않도록 팬케이크 믹스 1큰술 정도를 넣어 섞는다. 달걀을 조금씩 넣어가며 잘 섞는다.
3 으깬 바나나와 나머지 팬케이크 믹스를 넣고 가루 느낌이 없어질 때까지 섞는다.
4 틀에 버터(분량 외)를 바르고, 3을 넣는다. 고무 주걱으로 표면을 다듬는다. 가운데에 칼집을 낸 후 바나나를 올린다. 160℃의 오븐에서 45분~1시간 굽는다. 틀째로 식힌 후 틀에서 꺼낸다.

_ 이시자와 기요미

하룻밤 두면 더욱 촉촉해져 맛있는 **무화과 파운드케이크**

분량 7×21cm 파운드 틀 1개분

재료 팬케이크 믹스 200g, 시나몬 파우더 1작은술, 달걀 1개, 올리브오일 2큰술, 무화과 3개, 설탕 3큰술

준비 파운드 틀에 맞게 쿠킹시트를 잘라 깐다.

1 무화과는 3장 정도는 얇게 썰어 장식용을 만들고, 나머지는 5~6등분으로 자른 후 설탕에 버무려 10~15분간 둔다.

2 볼에 달걀을 넣고, 올리브오일을 넣어가며 계속 섞는다. 설탕에 버무린 무화과와 팬케이크 믹스, 시나몬파우더를 넣고, 가루 느낌이 없어질 때까지 섞는다.

3 준비한 틀에 넣고 1의 무화과 링을 올린다. 170℃의 오븐에서 35분간 굽는다. 틀째로 식힌 후 틀에서 꺼낸다.

_『코모』 모델 미카사 마유

틀 없이 포일로 감싸 구울 수 있는 **고구마 케이크**

분량 8개분

재료 팬케이크 믹스 200g, 고구마 150g, 달걀 2개, 설탕 30g, 우유 50ml, 건포도 30g

1 고구마는 적당하게 잘라 삶은 후 50g은 슬라이스하고, 나머지는 수분을 날린 다음 뜨거울 때 포크로 으깬다.

2 볼에 달걀을 넣고 거품기로 저은 후 설탕을 넣고 덩어리가 없어질 때까지 섞는다. 으깬 고구마와 우유를 넣고 팬케이크 믹스를 체로 쳐서 넣는다. 건포도를 넣는다.

3 알루미늄 포일을 20cm 길이로 잘라, 식용유(분량 외)를 얇게 바르고 8등분한 2를 가로로 올린다. 슬라이스한 고구마를 올리고 가로로 감싼다(구우면 부풀기 때문에 여유를 두고 감싼다).

4 180℃의 오븐에서 포일이 빵빵해질 때까지 15분간 굽는다.

_ 이시자와 기요미

TIP 오븐토스트 트레이 위에 올려 구워도 좋다.

PANCAKE RECIPE
145

팬케이크 믹스로 간편하게 만드는 **타르트 타탱풍 케이크**

분량 직경 18cm 틀 1개분

재료 팬케이크 믹스 200g, 달걀 1개, 우유 150ml, 사과 4개, 그래뉴당 90g, 버터 40g, 레몬즙

POINT 사과는 틀 가운데를 향하도록 빈틈없이 간다.

1 사과는 껍질을 벗겨 세로로 4등분한다. 버터를 자른다.

2 냄비에 사과를 넣고 그래뉴당을 전체적으로 뿌린다. 버터와 레몬즙을 넣고 중불로 끓인다. 사과가 익기 시작하면 뒤집는다. 수분이 없고 캐러멜색이 될 때까지 20~30분간 끓인다.

3 틀에 버터(분량 외)를 바르고, 2의 사과를 깐다. 볼에 팬케이크 믹스, 달걀, 우유를 넣고 잘 섞은 후 사과 위에 넣는다. 200℃의 오븐에서 20분간 굽는다. 한 김 식으면 틀에서 분리한다.

_ 「코모」모델 오카베 하나코

프라이팬에 구워도 실패 없는 파인애플&체리 케이크

분량 직경 22~25cm 틀 1개분

재료 팬케이크 믹스 200g, 달걀 2개, 우유 150ml, 설탕 60g, 버터 30g, 파인애플(통조림) 4장, 다크체리(통조림) 7개

1 버터는 전자레인지(600W)로 40초간 돌려 녹이고 한 김 식힌다. 달걀은 풀고, 파인애플 3장은 반으로 자른다.

2 볼에 팬케이크 믹스를 넣고 설탕, 달걀, 우유, 녹인 버터를 순서대로 넣어가며 잘 섞는다.

3 프라이팬에 쿠킹시트를 깔고, 가운데는 둥근 파인애플을, 주변에는 반으로 자른 파인애플을 올린다. 파인애플의 구멍에 체리를 올린다.

4 2의 반죽을 넣고 평평하게 만든 후, 뚜껑을 덮어 약불에서 20분간 굽는다. 가장자리를 뒤집개로 들어 떼어낸 후, 접시를 덮은 다음 뒤집어 담는다.

_ 이다 준코

TIP 쿠킹시트는 두 번 접어 사각형을 만든 후, 동그랗게 잘라 프라이팬 모양을 만든다.

부드럽게 구운 슈플레 스타일 오렌지&치즈 케이크

분량 1인용 내열 용기 · 4개분
재료 팬케이크 믹스 50g, 크림치즈 50g, 설
탕 20g, 달걀 2개, 우유 200ml, 오렌지
2~3개

1 오렌지는 껍질을 벗기고 링 모양으로
썬다. 크림치즈는 전자레인지(600W)
로 20초간 돌려 녹인다.
2 부드럽게 만든 크림치즈와 설탕을 볼
에 넣고, 크림 상태가 되도록 섞는다.
달걀물과 팬케이크 믹스를 순서대로
넣고 우유를 넣어 부드럽게 섞는다.
3 내열 용기에 버터(분량 외)를 얇게
바르고, 오렌지를 올린다. 2를 넣고
180℃의 오븐에서 15분간 굽는다. 취
향에 따라 슈가파우더를 뿌린다.

_ 이시자와 기요미

동시에 두 가지의 맛 파이를 올린 몽블랑

분량 5개분

재료 팬케이크 믹스 100g, 버터 50g,
설탕 50g, 달걀 1개, 우유 2큰
술, 단밤 조림 2알

[토핑] 냉동 파이시트 1장, 단밤
조림 180g, 우유 80~90ml, 슈
가파우더

1 볼에 부드럽게 만든 버터와 설탕을 넣고 거품기로 새하얗게 될 때까
지 섞는다. 달걀을 조금씩 넣어가며 부드럽게 섞는다.

2 팬케이크 믹스의 1/2을 1에 넣고 섞은 후, 우유와 나머지 팬케이크 믹
스를 교대로 조금씩 넣어가며 부드럽게 섞는다.

3 밤은 굵게 다져 2에 넣어 섞는다.

4 내열 용기에 유산지컵을 넣고 반죽을 부은 후, 180℃의 오븐에서
15~20분간 굽는다.

5 냉동한 파이시트는 미리 해동해 포크로 구멍을 내서 180℃의 오븐에
서 10분간 갈색이 되도록 구운 후 큼지막하게 손으로 자른다.

6 토핑용 밤은 굵게 다져 냄비에 우유와 함께 넣고, 중불로 끓인다. 으
깨면서 부드럽게 될 때까지 끓인다. 걸쭉해지면 불에서 내려 한 김 식
힌다. 뜨거울 때 푸드프로세서로 곱게 간다.

7 4에 5, 6을 올리고 슈가파우더를 뿌린다.

_ 미나쿠치 나호코

산뜻한 크림을 올린 요거트 크림 타르트

분량 9개분(작은 사이즈)

재료 팬케이크 믹스 200g, 버터 40g,
우유 1큰술, 플레인 요거트 1팩
(450g), 잼(살구, 라즈베리, 블루베리
등) 1작은술씩

1 체에 키친타월을 깔고, 요거트를 담은 후 냉장고에서 하룻밤 두어 물
기를 제거한다.

2 버터는 1cm 크기로 깍둑썰고, 우유와 함께 냉장고에 넣어 차게 한다.

3 볼에 팬케이크 믹스와 2의 버터를 넣고 양손으로 비벼 섞는다. 보슬
보슬해지면 우유를 넣고 섞어 한 덩어리를 만든다(수분이 부족하면 우
유를 보충한다). 냉장고에서 30분간 휴지시킨다.

4 반죽을 9등분하여 밀대로 2mm 두께로 민 후 타르트 틀에 깐다. 포
크로 바닥에 구멍을 낸다.

5 160℃의 오븐에서 15~20분간 굽는다. 중간에 너무 부풀어 오르면
포크 등으로 눌러준다. 갈색이 들면 꺼내어 틀을 분리한다.

6 1을 3등분하여 각각의 잼을 넣어 섞은 후 5에 넣는다. 세르퓌유가 있
으면 장식한다.

_ 미나쿠치 나호코

긴 모양이 인상적인 **롱 에클레어**

분량 4개분

재료 팬케이크 믹스 50g, 식용유 2큰술, 소금 한꼬집, 달걀 1~1.5개, 코팅용 초콜릿 100g, 초콜릿 스프링클 1큰술, 아몬드분태 1큰술

1 내열볼에 식용유, 소금, 물 100ml를 넣고 거품기로 섞는다. 랩을 씌우지 않은 채 전자레인지(600W)로 3분간 가열한다.

2 팬케이크 믹스를 한 번에 넣어 섞는다. 다시 전자레인지로 1분간 가열한다.

3 달걀을 풀어 2에 몇 번에 나눠 넣고 잘 섞는다. 반죽을 떴을 때 천천히 떨어질 정도가 좋다.

4 철판에 쿠킹시트를 깔고, 3의 반죽을 철판 위에 일정한 간격으로 올리고, 분무기로 물을 뿌린다. 200℃의 오븐에서 20분간, 160℃로 온도를 낮춰 15분간 굽는다.

5 초콜릿을 중탕으로 녹여 4에 씌운다. 초코 장식과 아몬드를 뿌린다.

_ 미나쿠치 나호코

크럼블과 프루츠의 하모니 복숭아&프룬 크럼블

분량 4인분

재료 팬케이크 믹스 100g, 설탕 40g, 버터 50g, 복숭아(통조림) 1캔(240g), 프룬 6~8개

1 버터는 1cm 크기로 깍둑썰고, 사용하기 직전까지 냉장고에 넣어 차게 한다.

2 볼에 팬케이크 믹스와 설탕, 버터를 넣고, 버터에 가루를 뿌려가며 손으로 비벼 보슬보슬한 상태를 만든다.

3 내열 용기에 버터(분량 외)를 얇게 바르고, 물기를 제거한 복숭아와 프룬을 올린다. 2를 전체에 올린다.

4 180℃의 오븐에서 15~20분간, 갈색이 되도록 굽는다.

_ 이시자와 기요미

오톨도톨한 무화과의 식감 무화과 요거트 스틱

분량 30×20cm 철판 1개분

재료 팬케이크 믹스 100g, 플레인 요거트
500ml, 건조 무화과 150g, 달걀 2개, 설
탕 100g, 버터 50g

1 체에 키친타월을 깔고, 요거트를 넣
은 후 냉장고에서 하룻밤 두어 물기
를 제거한다. 무화과 1개를 4~6등분
한다.

2 볼에 달걀을 넣고 거품기로 저은 후,
설탕을 넣고 덩어리가 없어질 때까지
섞는다. 1의 요거트를 넣고 부드럽게
섞은 후, 팬케이크 믹스와 무화과 2/3
를 넣어 섞는다.

3 버터는 전자레인지(600W)로 40초간
가열하여 2에 넣고, 바닥 부분까지
크게 섞는다.

4 철판에 쿠킹시트를 깔고 3을 넣는다.
고무 주걱으로 표면을 다듬고, 나머
지 무화과를 올리고, 잣이 있으면 올
려 장식한다. 170℃의 오븐에서 30분
간 굽는다.

5 쿠킹시트째로 식힘망 위에 올려 식힌
후, 스틱 모양으로 자른다.

_ 이시자와 기요미

메이플 시럽의 향이 녹아든 메이플 시럽 시폰 케이크

분량 직경 17cm의 시폰 케이크 틀
1개분

재료 팬케이크 믹스 100g, 달걀노
른자 3개분, 메이플 시럽 50g,
우유 50g, 식용유 3큰술, 달걀
흰자 4개분, 그래뉴당 30g

1 볼에 달걀노른자, 메이플 시럽, 우유를 넣어 섞은 후 식용유를 넣고
거품기로 섞는다. 오일이 완전히 섞여지면, 팬케이크 믹스를 넣고 덩어
리가 지지 않도록 섞는다.

2 다른 볼에 달걀흰자를 풀고, 그래뉴당을 넣어 단단하고 촉촉한 머랭
을 만든다.

3 1에 2를 3번에 나눠 넣고 시폰 틀에 넣어 160℃의 오븐에서 45분~
1시간 굽는다.

4 틀째로 완전히 식힌 후 틀 가장자리 사이에 칼을 넣거나 가볍게 눌러
분리해낸다.

_ 이시자와 기요미

POINT 머랭은 1, 2회 때는 거품기
로, 3회째는 고무 주걱으로 섞는다.

PLUS RECIPE

생크림 1/2컵과 설탕 1큰술
을 70% 정도로 거품을 내어
자른 케이크 위에 올리고, 딸
기를 곁들이면 더욱 맛있게
먹을 수 있다.

깊고 진한 맛 브라우니

분량 18×18cm 사각틀 1개분

재료 팬케이크 믹스 50g, 스위스초
콜릿 80g, 호두 40g, 달걀(큰
사이즈) 1개, 달걀노른자 1개분,
버터 80g, 설탕 30g

1 호두는 굵게 다져 120℃의 오븐에서 10~15분 굽는다.

2 초콜릿은 잘게 다지고 내열볼에 버터, 설탕과 같이 넣는다. 물 1큰술
을 넣고 전자레인지 (600W)로 1분 40초~1분 50초 가열한다.

3 2를 거품기로 부드럽게 저은 후, 달걀과 달걀노른자를 넣고 섞는다.
팬케이크 믹스를 체로 쳐 넣은 후 섞고, 호두를 넣고 고무 주걱으로
섞는다.

4 틀에 버터(분량 외)를 바르고, 쿠킹시트를 잘라 깐다. 3의 반죽을 넣고
표면을 다듬은 후, 180℃의 오븐에서 20분간 굽는다. 식힘망 위에 올
려 식힌다.

_ 이시바시 가오리

바삭한 식감과 고소함이 최고 브론디

분량 18×18cm 사각틀 1개분

재료 팬케이크 믹스 100g, 달걀(큰
사이즈) 1개, 버터(상온에 둔다)
100g, 굵은 설탕(또는 상백당)
40g

1 볼에 버터를 넣고 거품기로 부드럽게 젓는다. 굵은 설탕을 넣고 하얗
게 되도록 섞는다.

2 달걀을 풀어 1에 조금씩 넣어가며 섞는다. 팬케이크 믹스를 체로 쳐
서 넣고 고무 주걱으로 섞는다.

3 틀에 버터(분량 외)를 바르고, 쿠킹시트를 잘라 깐다. 2의 반죽을 넣고
표면을 다듬은 후, 170℃의 오븐에서 20분간 굽는다. 식힘망 위에 올
려 식힌다.

_ 이시바시 가오리

PART 4

. . .

달지 않아 식사 대용으로 좋은
식사빵

팬케이크 믹스는 달달한 간식이나 디저트에만 국한되지 않는다. 식사 대용으로도 좋은 빵이나 발

효 없이 만들 수 있는 빵, 식감이 좋은 브레드케이크도 만들 수 있다. 평일 아침이나 점심으로, 휴

일 브런치로도 손색이 없다.

번거롭지 않고 쉽게 만드는
피자&난

PANCAKE RECIPE
156

친숙한 재료를 듬뿍 올린 **토마토 피자**

분량 오븐토스트 철판 1장분

재료 A [팬케이크 믹스 50g, 물 2
작은술, 올리브오일 1큰술], 비
엔나소시지 1개, 토마토 1/4개,
피망 1/3개, **B** [토마토케첩 2
큰술, 치즈가루 1/2큰술, 피자
치즈 30g]

1 볼에 A를 넣고 손으로 섞는다. 한 덩어리가 되면, 작업대 위에 올려
밀대로 두께 1~2mm, 직경 16~17cm 크기로 민다.

2 오븐토스트 철판에 쿠킹시트를 깔고 1을 올린다.

3 소시지는 얇게 어슷썰고, 토마토는 1~2cm 크기로 깍둑썬다. 피망은
얇게 링 모양으로 썬다.

4 B를 섞은 후 2에 바른다. 3을 토핑으로 올리고 치즈를 뿌린 후, 오븐
토스트로 6~7분간, 가장자리가 갈색이 되도록 굽는다.

_ 사이토 마키

시판 화이트소스를 이용한 크림 피자

분량 오븐토스트 철판 1장분

재료 A [팬케이크 믹스 50g, 물 2
작은술, 올리브오일 1큰술], 화
이트소스(시판품) 20g, 그린 아
스파라거스 1/6개, 베이컨 1장,
피자치즈 30g

1 볼에 A를 넣고 손으로 섞는다. 한 덩어리가 되면, 작업대 위에 올려
   밀대로 두께 1~2mm, 직경 16~17cm 크기로 민다.

2 오븐토스트 철판에 쿠킹시트를 깔고 1을 올린다.

3 아스파라거스는 얇게 어슷썰고, 베이컨은 곱게 채썬다.

4 2에 화이트소스를 바르고, 3을 토핑으로 올린 후 치즈를 뿌린다. 오
   븐토스트로 6~7분간, 가장자리가 갈색이 되도록 굽는다.

_ 사이토 마키

POINT 반죽은 부풀기 쉬우므로 1~2
mm 두께가 되도록 밀대로 조금씩 밀
어 균일한 두께를 만든다.

PLUS RECIPE

시푸드 믹스와 참치를 화이트
소스에 넣어 맛을 내면 좋다.

토핑으로 모양을 내 귀여운 얼굴 피자

분량 2장분

재료 A [팬케이크 믹스 200g, 토마토주스 60~70ml, 소금 한꼬집, 올리브오일 1작은술], 피자소스, 피자치즈 적당량, 소시지, 메추리알, 오크라, 스프라우트, 파프리카, 당근

1 볼에 A를 넣고 손으로 섞는다. 한 덩어리가 되면, 2등분하여 30분간 휴지시킨다.

2 작업대 위에 올려 덧가루(분량 외, 강력분)를 뿌리고, 1을 올린 후 다시 덧가루를 뿌린다. 밀대로 2~3mm 두께로 민다. 피자소스를 바르고 치즈를 뿌린다. 소시지, 메추리알, 채소 등으로 얼굴 모양을 만든다.

3 200℃의 오븐에서 13~15분간 굽는다.

_ 미나쿠치 나호코

카레에 곁들이기 좋은 **프라이팬 난**

분량 1장분

재료 팬케이크 믹스 100g, 강력분 50g,
소금 1/2작은술, 식용유

1 볼에 식용유 외의 재료와 물 70ml를 넣고 섞어 한 덩어리를 만든다.
   난 모양이 되도록 손으로 늘린다.

2 프라이팬을 약불로 달군 후 식용유를 두른다. 1을 넣고 2분간 굽는다.

3 노릇하게 구워지면 뒤집고, 뒤집개로 가볍게 눌러가며 2분간 더 굽는
   다. 뒷면도 노릇해지면 접시에 담는다. 취향에 따라 카레나 채소를 곁
   들인다.

_ 사이토 마키

좋아하는 재료를 넣고
돌돌 말기만 하면 끝!

롤샌드

기본 재료 3가지로 만든 아침식사 햄&치즈&양상추 롤

분량 6개분

재료 A [팬케이크 믹스 100g, 물 120ml, 식용유 1/2큰술], 양상추 1.5장, 햄 6장, 슬라이스치즈 6장

1 양상추 1장을 4등분한다.

2 볼에 A를 넣고 거품기로 잘 섞는다.

3 내열 용기에 랩을 꽉 잡아당겨 씌우고, 반죽의 1/6을 올린다. 직경 17~18cm가 되도록 스푼 뒷부분을 이용하여 동그랗게 편다. 전자레인지(600W)로 1분간 가열한 후, 랩을 가장자리부터 떼어가며 분리시킨다. 나머지도 같은 방법으로 만든다.

4 1장에 양상추, 치즈, 햄을 1장씩 올리고 돌돌 만다. 알맞은 크기로 자른다. 나머지도 같은 방법으로 만든다.

_ 사이토 마키

POINT 시간이 지나면 단단해져 말 때 부서지기 쉬우므로, 가열하자마자 재료를 올려 돌돌 만다.

TIP 랩을 씌우는 내열 용기는 약간 깊이가 있고 큰 것이 좋다. 주름이 지지 않도록 꽉 잡아당겨 씌운다.

PLUS RECIPE

마요네즈를 얇게 바르고, 구운 김과 슬라이스치즈를 올려 말아도 좋다.

멋스러운 조합

연어&치즈 롤

분량 6개분

재료 A [팬케이크 믹스 100g, 물 120ml, 식용유 1/2큰술], 훈제연어 18장, 크림치즈(상온에 둔다) 120g

1 볼에 A를 넣고 거품기로 잘 섞는다.

2 내열 용기에 랩을 꽉 잡아당겨 씌우고, 반죽의 1/6을 올린다. 직경 17~18cm가 되도록 스푼 뒷부분을 이용하여 동그랗게 편다. 전자레인지 (600W)로 1분간 가열한 후, 랩을 가장자리부터 떼어가며 분리시킨다. 나머지도 같은 방법으로 만든다.

3 1장에 부드럽게 만든 크림치즈 20g을 바른다. 훈제연어 3장을 올리고 돌돌 만 후 알맞은 크기로 자른다. 나머지도 같은 방법으로 만든다.

_ 사이토 마키

더블 단백질로 기운 충만

참치마요&달걀 롤

분량 6개분

재료 A [팬케이크 믹스 100g, 물 120ml, 식용유 1/2큰술], 참치통조림(80g) 3개, 마요네즈 6큰술, 삶은 달걀 3개

1 참치는 통조림 국물을 버리고, 마요네즈를 넣어 섞는다. 삶은 달걀을 세로로 4등분한다.

2 볼에 A를 넣고 거품기로 잘 섞는다.

3 내열 용기에 랩을 꽉 잡아당겨 씌우고, 반죽의 1/6을 올린다. 직경 17~18cm가 되도록 스푼 뒷부분을 이용하여 동그랗게 편다. 전자레인지 (600W)로 1분간 가열한 후, 랩을 가장자리부터 떼어가며 분리시킨다. 나머지도 같은 방법으로 만든다.

4 1장에 참치마요의 1/6을 올리고, 달걀 2개를 올려 돌돌 만 후 알맞은 크기로 자른다. 나머지도 같은 방법으로 만든다.

_ 사이토 마키

채소를 듬뿍 넣은 월남쌈 스타일 **햄&숙주 롤**

분량 6개분

재료 A [팬케이크 믹스 100g, 물 120ml, 식용유 1/2큰술], 햄 12장, 숙주 약 1/2봉지(120g), 향채 적당량

1 숙주는 씻어 물기를 제거한 후 내열 용기에 넓게 펴서 랩을 씌운다. 전자레인지(600W)로 1분 30초간 가열한다.

2 볼에 A를 넣고 거품기로 잘 섞는다.

3 내열 용기에 랩을 꽉 잡아당겨 씌우고, 반죽의 1/6을 올린다. 직경 17~18cm가 되도록 스푼 뒷부분을 이용하여 동그랗게 편다. 전자레인지(600W)로 1분간 가열한 후, 랩을 가장자리부터 떼어가며 분리시킨다. 나머지도 같은 방법으로 만든다.

4 1장에 햄 2장, 숙주 1/6, 향채를 약간 올리고 돌돌 말아 알맞은 크기로 자른다. 취향에 따라 넘플러*나 간장 등을 찍어 먹어도 좋다.

_ 사이토 마키

● 넘플러(Nam Pla) : 태국의 발효 생선 소스.

시소 향이 일품 새우&칠리 롤

분량 6개분

재료 A [팬케이크 믹스 100g, 물 120ml, 식용유 1/2큰술], 시소 12장, 데친 새우 12마리, 스위트칠리 소스 6큰술

1 볼에 A를 넣고 거품기로 잘 섞는다.

2 내열 용기에 랩을 꽉 잡아당겨 씌우고, 반죽의 1/6을 올린다. 직경 17~18cm가 되도록 스푼 뒷부분을 이용하여 동그랗게 편다. 전자레인지(600W)로 1분간 가열한 후, 랩을 가장자리부터 떼어가며 분리시킨다. 나머지도 같은 방법으로 만든다.

3 1장에 시소 2장, 새우 2마리, 스위트칠리 소스 1큰술을 올려 돌돌 만 후 알맞은 크기로 자른다. 나머지도 같은 방법으로 만든다.

_ 사이토 마키

어른들도 좋아하는 북경오리식 **차슈 롤**

분량 6개분

재료 A [판케이크 믹스 100g, 물 120ml, 식용유 1/2큰술], 차슈 (시판품) 120g, 오이 1개(120g), 당근 1/3개(60g), 춘장 4큰술

1 차슈, 오이, 당근은 채썬다.

2 볼에 A를 넣고 거품기로 잘 섞는다.

3 내열 용기에 랩을 꽉 잡아당겨 씌우고, 반죽의 1/6을 올린다. 직경 17~18cm가 되도록 스푼 뒷부분을 이용하여 동그랗게 편다. 전자레인지(600W)로 1분간 가열한 후, 랩을 가장자리부터 떼어가며 분리시킨다. 나머지도 같은 방법으로 만든다.

4 1장에 춘장 2작은술을 바르고, 차슈, 오이, 당근을 1/6씩 올려 돌돌 만 후 알맞은 크기로 자른다. 나머지도 같은 방법으로 만든다.

_ 사이토 마키

지긋하게 구워 치즈가 쭉 **햄&치즈 파니니**

분량 2개분
재료 A [팬케이크 믹스 100g, 소금
1/2작은술, 물 100ml], 햄 2장,
피자치즈 60g, 올리브오일

1 햄은 반으로 자른다.
2 볼에 A를 넣고 거품기로 잘 섞는다.
3 약불로 달군 프라이팬에 올리브오일을 두르고 반죽의 1/2을 타원형
으로 올려 굽는다. 표면에 구멍이 뽕뽕 나면 뒤집어 절반 부분에 치
즈와 햄을 1/2씩 올린다. 주걱으로 반으로 접어 다시 1분간 굽는다.
4 뒤집어 다시 1분간 구운 후 꺼낸다. 반으로 잘라 접시에 담고, 취향에
따라 이탈리안 파슬리로 장식한다. 나머지도 같은 방법으로 만든다.

_ 사이토 마키

POINT 재료를 올리고 주걱으로 반
죽을 올려 접는다. 반죽이 완전히 건
조되기 전에 접는다.

PLUS RECIPE

햄 대신 바삭하게 구운 베이컨
을 넣으면 감칠맛이 생겨 더욱
맛이 좋다.

짭짜름한 햄과 부드러운 아보카도의 만남 햄&아보카도 파니니

분량 2개분

재료 A [팬케이크 믹스 100g, 소금 1/2작은
술, 물 100ml], 생햄 50g, 아보카도 1/2
개, 올리브오일

1 생햄은 먹기 좋은 크기로 자르고, 아
보카도는 껍질과 씨를 제거하여 얇
게 편썬다.

2 볼에 A를 넣고 거품기로 잘 섞는다.

3 약불로 달군 프라이팬에 올리브오일
을 두르고 반죽의 1/2을 타원형으로
올려 굽는다. 표면에 구멍이 뽕뽕 나
면 뒤집어, 절반 부분에 생햄과 아보
카도를 1/2씩 올린다. 주걱으로 반으
로 접어 다시 1분간 굽는다.

4 뒤집어 다시 1분간 구운 후 꺼낸다.
나머지도 같은 방법으로 만든다.

_ 사이토 마키

이탈리안의 맛 마르게이타풍 파니니

분량 2개분

재료 A [팬케이크 믹스 100g, 소금 1/2작은
술, 물 100ml], 토마토 1/2개, 모짜렐라
치즈 40g, 바질 4장, 올리브오일

1 토마토와 치즈는 얇게 편썬다.
2 볼에 A를 넣고 거품기로 잘 섞는다.
3 약불로 달군 프라이팬에 올리브오일
   을 두르고 반죽의 1/2을 타원형으로
   올려 굽는다. 표면에 구멍이 뿅뿅 나
   면 뒤집어, 절반 부분에 토마토, 치즈,
   바질을 1/2씩 올린다. 주걱으로 반으
   로 접어 다시 1분간 굽는다.
4 뒤집어 다시 1분간 구운 후 꺼낸다.
   나머지도 같은 방법으로 만든다.

_ 사이토 마키

전자레인지로 간편하게
케이크살레

PANCAKE RECIPE
169

가벼운 식감의 재료를 듬뿍 넣은 찐빵 스타일 **햄&브로콜리 케이크살레**

분량 7×13.5×5.5cm 틀 1개분

재료 팬케이크 믹스 70g, 소금 1/2
작은술, 달걀물 1/2개분, 물
40ml, 올리브오일 1큰술, 햄
20g, 양파 20g, 브로콜리(작은
송이) 10g

1 햄과 양파는 7~8mm 크기로 깍둑썰고, 브로콜리도 같은 크기로 잘게 자른다.

2 볼에 팬케이크 믹스와 소금을 넣고 달걀물, 물, 올리브오일 순서로 넣어가며 거품기로 섞는다. 1을 넣어 섞는다.

3 틀에 쿠킹시트를 깔고, 반죽을 넣는다.

4 랩을 느슨하게 씌운 후 내열 용기를 덮고 심플 찐빵 만드는 방법을 참고하여(61쪽 참고), 전자레인지(600W)로 3분간 가열한다. 틀에서 분리한다.

_ 사이토 마키

토마토주스의 산미가 좋은 치즈&베이컨 케이크살레

분량 7×13.5×5.5cm 틀 1개분

재료 팬케이크 믹스 70g, 소금 1/2작은술, 달걀물 1/2개분, 토마토주스 40ml, 올리브오일 1큰술, 프로세스치즈 20g, 베이컨 20g

1 치즈는 7~8mm 크기로 깍둑썰고, 베이컨은 곱게 채썬다.

2 볼에 팬케이크 믹스와 소금을 넣고 달걀물과 토마토주스, 올리브오일 순서로 넣어가며 거품기로 섞는다. 1을 넣어 섞는다.

3 틀에 쿠킹시트를 깔고, 반죽을 넣는다.

4 랩을 느슨하게 씌운 후 내열 용기를 덮고 심플 찐빵 만드는 방법을 참고하여(61쪽 참고), 전자레인지(600W)로 3분간 가열한다. 틀에서 분리한다.

_ 이시자와 기요미

POINT 틀은 작은 파운드 틀이나 내열유리 저장 용기를 사용한다. 쿠킹시트 위에 틀을 올리고, 시트를 올려 높이와 폭을 맞춘다. 틀보다 약간 크게 자르는데, 사진의 점선 부분을 자른다.

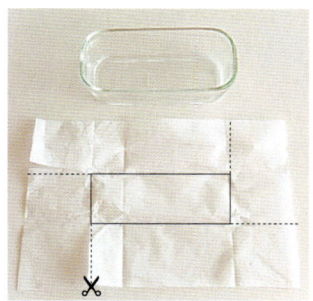

자른 부분을 겹쳐 접고, 틀 안쪽에 넣는다. 종이가 약간 위르 올라오는 것이 나중에 틀에서 분리하기 좋다.

달지 않아 식사 대용으로 제격
식사용 찐빵

PANCAKE RECIPE
171

손으로 집어 먹는 반찬 같은 옥수수&콘비프 찐빵

분량 유산지컵 8~10개분

재료 팬케이크 믹스 200g, 달걀 1개,
콘비프* 100g, 옥수수 80g

1 볼에 달걀을 넣고 거품기로 저은 후 콘비프를 넣고 섞는다. 물 3/4컵
   을 넣고 잘 섞는다.

2 팬케이크 믹스를 넣고 덩어리지지 않도록 섞은 후, 옥수수를 넣고 유
   산지컵에 70% 정도 넣는다.

3 김이 오른 찜기에 넣고 강불로 10분간 찐다.

_ 이시자와 기요미

● 콘비프(Corn beef) : 소금에 절인
   쇠고기를 찐 통조림.

TIP 옥수수는 냉동된 것도 괜찮다. 냉동된 옥수수는 뜨거운 물을 끼얹어 해동한다.

194

참기름 향이 식욕을 돋우는 참기름&살라미 찐빵

분량 직경 16cm의 찜기 1개분 또는 유산지컵
8~10개분

재료 팬케이크 믹스 200g, 달걀 1개, 무 100g,
살라미소시지 80g, 쪽파 10개, 소금 1/2
작은술, 참기름 2작은술

1 무는 채썰어 소금을 뿌리고, 가볍게
주물러 절인 후 물기를 짠다. 쪽파는
작은 크기로 자르고, 살라미는 5mm
크기로 다진다.

2 볼에 달걀을 넣고 거품기로 저은 후,
물 1/2컵을 넣고 잘 섞는다. 팬케이
크 믹스를 넣고 덩어리지지 않도록
섞는다.

3 2에 1을 넣고 마지막에 참기름을 넣
어 가볍게 섞는다.

4 쿠킹시트를 찜기 안에 깔고 3을 넣는
다. 냄비에 물을 끓인 후, 찜기를 올
려 강불로 20분간 찐다.

_ 이시자와 기요미

TIP 유산지컵 등 작은 틀의 경우는 10분 정도
찐다. 취향에 따라 두반장이나 칠리소스를 찍
어 먹는다.

PANCAKE RECIPE

173

믹스 베이스로 알록달록한 채소 찐빵

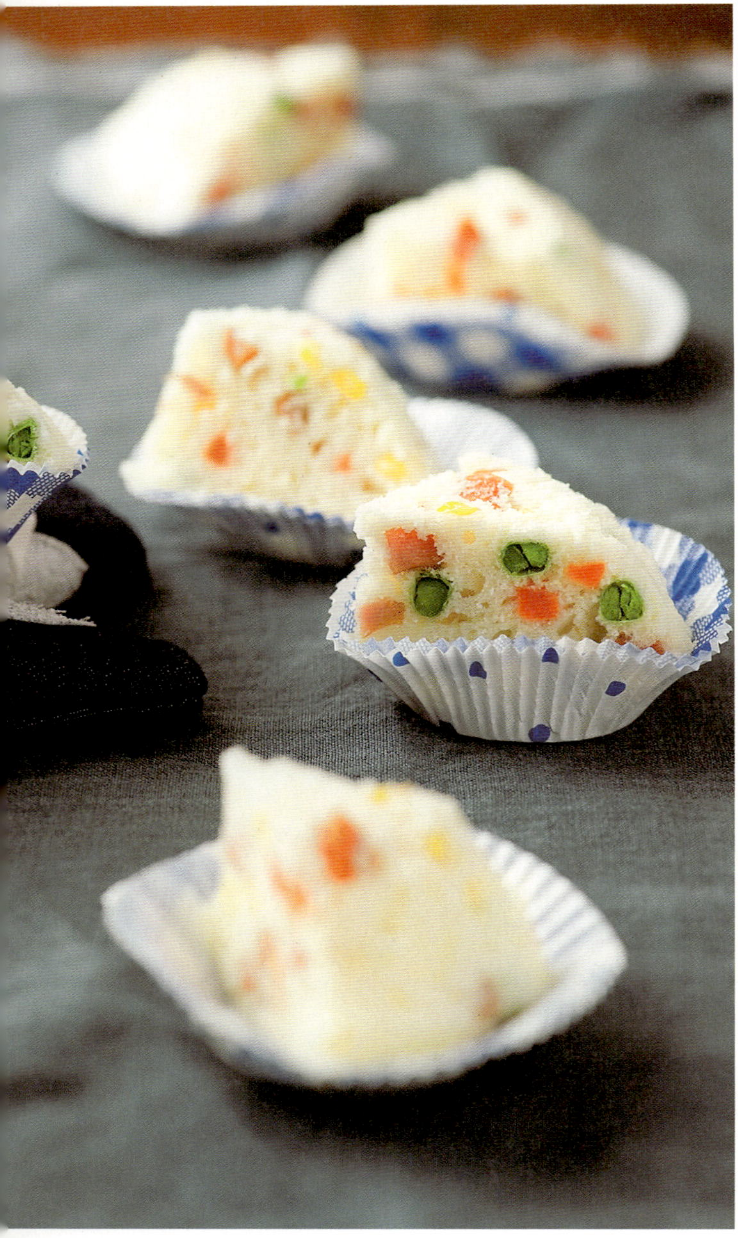

분량 내열볼 1개분

재료 팬케이크 믹스 100g, 우유 80ml, 믹스 채소 50g, 비엔나소시지 30g, 치즈가루 1큰술, 식용유

1 소시지는 5mm 크기로 다진다.

2 볼에 팬케이크 믹스와 우유를 넣고 거품기로 젓는다. 믹스 채소와 다진 소시지, 치즈가루를 넣고 섞는다.

3 내열볼 안쪽에 식용유를 얇게 바르고 2를 넣는다. 랩을 느슨하게 씌워 전자레인지(600W)로 5분간 가열한다. 내열볼에서 꺼내 알맞은 크기로 자른다.

_ 호리에 사와코

TIP 틀 대신 사용하는 내열볼 안쪽에 식용유를 얇게 바르면 떼어내기 좋다.

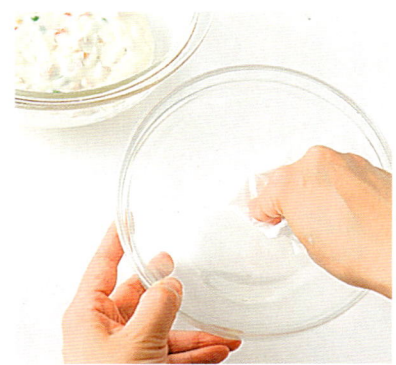

PANCAKE RECIPE

174

채소의 풋내를 없앤
시금치 찐빵

분량 3×8×3.5cm의 틀 3개분
재료 팬케이크 믹스 100g, 우유 70ml, 식용유 1큰술, 시금
치 1/8단(30g)

1 시금치는 듬성듬성 잘라 씻어 물기를 제거한 후,
   내열 용기에 넓게 올린다. 랩을 씌우고 전자레인
   지(600W)로 1분간 가열한 후 다진다.
2 볼에 팬케이크 믹스와 우유를 넣고 거품기로 부
   드럽게 섞는다. 식용유, 1 순서로 넣어가며 섞는다.
3 틀에 70% 정도 넣고 내열 용기를 덮고 심플 찐
   빵 만드는 방법을 참고하여(61쪽 참고), 전자레인
   지로 2분간 가열한다.

_ 사이토 마키

PANCAKE RECIPE

175

당근의 은은한 단맛
당근 찐빵

분량 3×8×3.5cm 틀 3개분
재료 팬케이크 믹스 100g, 우유 70ml, 식용유 1큰술, 당근
간 것 30g

1 볼에 팬케이크 믹스와 우유를 넣고 거품기로 부
   드럽게 섞는다. 식용유를 넣어 섞은 후 마지막에
   당근을 넣는다.
2 틀에 70% 정도 균일하게 붓고 내열 용기를 덮고
   심플 찐빵 만드는 방법을 참고하여(61쪽 참고), 전
   자레인지(600W)로 2분간 가열한다.

_ 사이토 마키

카레의 매운맛이 살아 있는

카레빵

분량 5개분

재료 팬케이크 믹스 180g, 소금 1/2작은술, 우유 100ml, 레토르트 카레 1봉지(또는 남은 카레 200g), 밀가루 1큰술, 빵가루, 튀김기름

1 냄비에 카레와 밀가루를 넣고 약불로 가열한다. 걸쭉해지고 약간 단단해지도록 식힌다.

2 볼에 팬케이크 믹스와 소금을 넣고 거품기로 섞는다. 우유를 넣고 가루 느낌이 없어질 때까지 섞어 한 덩어리를 만든다.

3 반죽을 5등분하고 손에 덧가루(분량 외, 강력분 등)를 묻혀 둥근 모양으로 늘린 후, 1의 카레를 균일하게 올린다. 양쪽 가장자리를 오므려 붙여 타원형을 만든 후, 표면에 물을 묻힌 다음 빵가루로 옷을 입힌다.

4 160℃의 튀김기름에 3을 넣고 약 2분, 중간에 뒤집어가며 옅은 갈색이 나도록 튀긴다.

_ 고지마 기와

바삭한 식감이 비법

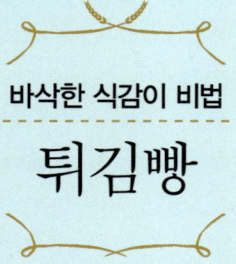

튀김빵

아이들도 좋아하는 피자맛
피자 튀김빵

분량 4개분

재료 팬케이크 믹스 200g, 달걀물 1/2개분, 피망 1/2개분, A [피자치즈 40g, 피자소스 4큰술, 올리브 4개], 튀김기름

1 볼에 달걀물과 물 50ml를 넣고 섞은 후, 팬케이크 믹스를 넣고 고무 주걱으로 가루 느낌이 없어질 때까지 섞는다.

2 도마 등에 덧가루(분량 외, 박력분)를 뿌리고, 1을 올린다. 약간 동그란 모양을 만든 후 4등분한다. 밀대로 얇게 밀어 타원 모양을 만든다.

3 2에 1cm 크기로 깍둑썬 피망과 A를 올리고, 가장자리에 물을 묻혀 오므려 붙인다. 냉장고에 1시간 정도 휴지시킨다. 160℃의 튀김기름에서 튀긴 후 기름기를 뺀다.

_ 후쿠오카 나오코

담백한 감자샐러드가 들어간
감자 튀김빵

분량 4개분

재료 팬케이크 믹스 200g, 달걀물 1/2개분, 감자샐러드 200g, 볶은 참깨, 튀김기름

1 볼에 달걀물과 물 50ml를 넣고 섞은 후, 팬케이크 믹스를 넣고 고무 주걱으로 가루 느낌이 없어질 때까지 섞는다.

2 도마 등에 덧가루(분량 외, 박력분)를 뿌리고, 1을 올린다. 약간 동그란 모양을 만든 후 4등분한다. 밀대로 얇게 밀어 타원 모양을 만든다.

3 감자샐러드를 균일하게 올리고, 가장자리에 물을 묻혀 오므려 붙인다. 냉장고에 1시간 정도 휴지시킨다. 160℃의 튀김기름에서 뭉근히 튀긴 후 기름기를 뺀다.

_ 후쿠오카 나오코

스파이시한 맛에 자꾸 손이 가는 **카레포테이토 사모사**

분량 4개분

재료 팬케이크 믹스 100g, 물 40㎖,
감자 1/2개(50g), 그린빈스 15g,
카레가루 1/2작은술, 튀김기름

1 감자는 씻은 후 랩을 씌워 전자레인지(600W)로 2분간 가열한다. 꼬치를 이용하여 껍질을 제거하고 볼에 넣어 포크 등으로 으깬다. 그린빈스, 카레가루를 넣어 섞는다.

2 볼에 팬케이크 믹스와 물을 넣고 잘 섞는다. 부드러워지면 4등분하여 둥글린 후, 납작하게 만들어 1을 올려 감싼다. 가장자리에 물을 묻혀 붙인다.

3 170℃의 튀김기름에서 옅은 갈색이 나도록 튀긴 후 2~3등분한다.

_ 사이토 마키

TIP 튀길 때 이음매가 풀리지 않도록 가장자리를 얇게 힘껏 눌러 붙인다.

쌉쌀한 맛에 중독되는
여주&스팸 사모사

분량 4개분
재료 팬케이크 믹스 100g, 물 40ml, 여주, 스팸 20g, 튀김
기름

1 여주와 스팸은 작은 크기로 깍둑썬다.
2 볼에 팬케이크 믹스와 물을 넣고 잘 섞는다. 부드
러워지면 4등분하여 둥글린 후, 납작하게 만든다.
여기에 1을 올려 감싼다. 가장자리에 물을 묻혀
붙인다.
3 170℃의 튀김기름에서 옅은 갈색이 나도록 튀긴
후 2~3등분한다. _ 사이토 마키

오톨도톨한 식감의
풋콩&옥수수 사모사

분량 4개분
재료 팬케이크 믹스 100g, 물 40ml, 삶은 풋콩 20g, 옥수
수 20g, 마요네즈 1/2큰술, 튀김기름

1 풋콩은 얇은 껍질을 벗기고 옥수수와 함께 마요
네즈로 버무린다.
2 볼에 팬케이크 믹스와 물을 넣고 잘 섞는다. 부드
러워지면 4등분하여 둥글린 후, 납작하게 만든다.
여기에 1을 올려 감싼다. 가장자리에 물을 묻혀
붙인다. 나머지도 같은 방법으로 만든다.
3 170℃의 튀김기름에서 옅은 갈색이 나도록 튀긴
후 2~3등분한다. _ 사이토 마키

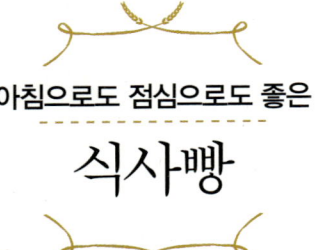

아침으로도 점심으로도 좋은

식사빵

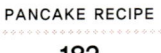

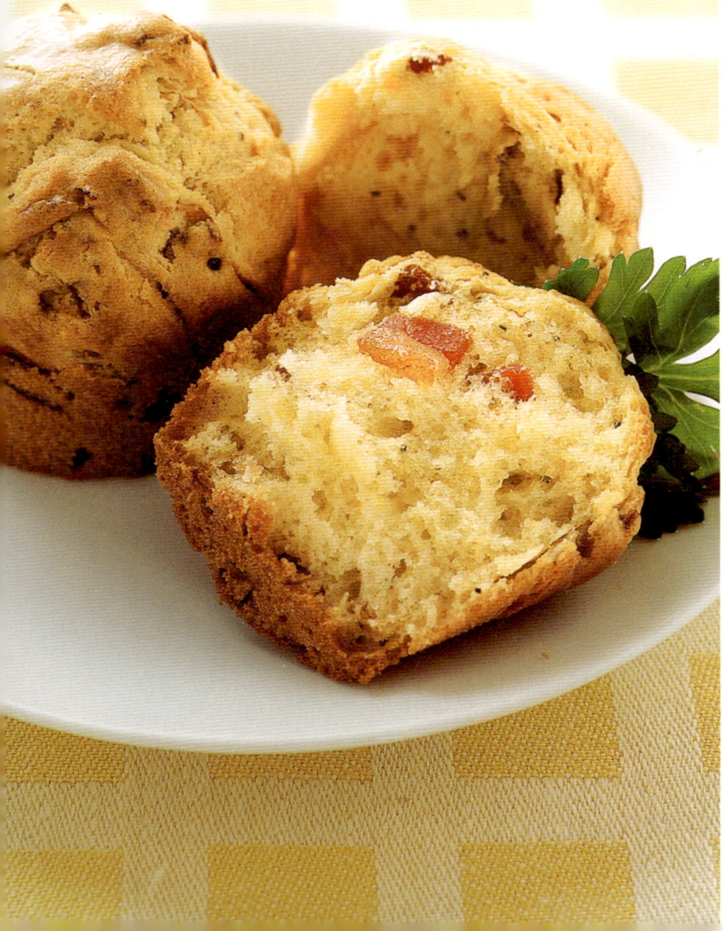

PANCAKE RECIPE

182

달콤새콤한 맛에 중독되는

양파&베이컨 머핀

분량 유산지컵 10개분

재료 팬케이크 믹스 150g, 달걀 1개, 우유 60ml, 올리브오일 50g, 소금 1/3작은술, 굵은 검은 후추 1/3작은술, 양파 1/2개, 베이컨 80g

1 양파는 얇게 썰고 베이컨은 5mm 두께로 채썬다. 약간의 식용유(분량 외)로 볶은 후, 부드러워지면 키친타월에 올려 기름기를 제거한다.

2 볼에 달걀을 넣고 거품기로 젓는다. 우유와 올리브오일을 넣어 부드럽게 섞는다. 팬케이크 믹스, 소금, 후추, 1을 넣고 덩어리지지 않도록 섞는다.

3 유산지컵에 70% 정도 넣어, 170℃의 오븐에서 15~25분간 굽는다.

_ 이시자와 기요미

토마토의 달콤새콤한 뒷맛 **토마토&아스파라거스 프렌치 스콘**

분량 6개분

재료 팬케이크 믹스 100g, 달걀 1개,
박력분 120g, 우유 50ml, 올리
브오일 1큰술, 소금, 후춧가루,
방울토마토 6개, 베이컨 3장,
그린아스파라거스 3개, 피자치
즈 30g, 치즈가루 2큰술

1 볼에 달걀을 풀고, 우유, 올리브오일, 소금, 후춧가루를 넣어 거품기로
섞는다. 팬케이크 믹스와 박력분을 합쳐 넣고 고무 주걱으로 가루 느
낌이 없어질 때까지 섞는다.

2 방울토마토는 꼭지를 떼어 이등분한다. 베이컨은 1cm 폭으로 자른다.
아스파라거스는 살짝 데쳐 가로세로 2등분한다.

3 1에 베이컨, 피자치즈를 넣고 고무 주걱으로 살짝 섞는다. 덧가루(분량
외, 박력분)를 뿌린 도마 위에 올려, 2cm 두께가 되도록 손으로 늘린
후 방사형으로 6등분한다.

4 철판에 쿠킹시트를 깔고 3을 올린다. 방울토마토, 아스파라거스를 올
리고 치즈가루를 뿌린다. 190℃의 오븐에서 15분간 굽는다.

_ 후쿠오카 나오코

아이들 간식으로 제격 시금치&치즈 프렌치 스콘

분량 8×18×6.5cm 파운드 틀 1개

재료 팬케이크 믹스 200g, 우유 120ml,
       버터 30g, 시금치 100g, 프로세스
       치즈 50g

1 시금치는 소금(분량 외)을 약간 넣은 끓는 물에 데친 후 물기를 제거
한다. 1cm 길이로 자른 후 다시 물기를 짠다. 치즈는 6~7cm 크기로
깍둑썬다.

2 볼에 우유를 넣어 전자레인지(600W)로 30초간 가열하고, 녹인 버터
와 팬케이크 믹스 순서대로 넣어가며 잘 섞는다.

3 1을 넣어 잘 섞은 후 파운드 틀에 넣고 표면을 다듬는다. 160℃의 오
븐에서 45분~1시간 정도 굽는다. 틀째로 한 김 식힌 후, 틀에서 분리
한다.

_ 이시자와 기요미

재료를 듬뿍 넣어 식감이 좋은 참치&감자 브레드케이크

분량 10×20×5cm 파운드 틀 1개

재료 팬케이크 믹스 100g, 감자 2개, 양파
1/2개, 참치통조림 1캔, 달걀 1개, 우유
50㎖, 소금 1/2작은술, 방울토마토 3개,
마요네즈, 굵은 검은 후추, 다진 파슬리

1 감자는 껍질을 벗기고 부채꼴 모양
으로 자른 후 내열 용기에 넣어 랩을
씌운다. 전자레인지(600W)로 4분간
가열한다. 양파는 얇게 썰고 방울토
마토는 꼭지를 떼어 8등분한다.

2 파운드 틀에 맞춰 쿠킹시트를 잘라
깐다.

3 볼에 달걀을 넣고, 우유, 소금을 넣어
거품기로 섞는다. 팬케이크 믹스를
넣어 덩어리지지 않도록 섞는다.

4 참치는 통조림 국물과 함께 넣고 감
자, 양파를 넣어 섞는다. 2의 틀에 넣
고 마요네즈로 선을 그은 후, 방울토
마토를 올린다. 후춧가루, 파슬리를
뿌려 180℃의 오븐에서 30~40분간
굽는다.

_ 후쿠오카 나오코

사과와 요거트의 산뜻한 조합 사과&요거트 건강빵

분량 8×18×6.5cm 파운드 틀 1개

재료 팬케이크 믹스 200g, 플레인
요거트 150g, 버터 30g, 사과
1개(150~200g), 호두 40~50g

1 사과는 껍질을 벗기지 않고 부채꼴 모양으로 자른다. 호두는 오븐에
서 5분간 구운 후 굵게 다진다. 버터는 전자레인지(600W)로 30초간
가열한다.

2 볼에 요거트를 넣고 녹인 버터, 팬케이크 믹스 순서로 넣어가며 섞은
후, 사과와 호두를 넣고 섞는다. 파운드 틀에 넣어 표면을 다듬는다.

3 160~170℃의 오븐에서 1시간 정도 굽는다. 틀에 넣은 채 한 김 식힌
후, 틀에서 분리한다.

_ 이시자와 기요미

PANCAKE RECIPE

187

달걀마요와 햄의 절묘한 콤비

타르타르 에그빵

분량 4개분

재료 팬케이크 믹스 100g, 달걀 1개, 박력분 100g, 우유
100ml, 소금 1/2작은술, 삶은 달걀 2개, 양파 1/2개, 마
요네즈 2큰술, 햄 3장

1 볼에 달걀을 풀고, 우유와 소금을 넣어 섞는다.
팬케이크 믹스와 박력분을 넣어 잘 섞는다.
2 삶은 달걀과 양파는 잘게 다져, 마요네즈로 버무
린다. 햄은 채썬다.
3 알루미늄컵 4개에 1을 균일하게 넣고 2를 올린다.
취향에 따라 굵은 검은 후추를 뿌려 200℃의 오
븐에서 10분간 굽는다.

_ 후쿠오카 나오코

PANCAKE RECIPE

188

굽자마자 더욱 맛이 좋은

고로케빵

분량 4개분

재료 팬케이크 믹스 100g, 달걀 1개, 박력분 100g, 우유
100ml, 소금 1/2작은술, 고로케 2개, 양파 1/6개, 완두
콩(냉동), 토마토케첩

1 볼에 달걀을 풀고, 우유와 소금을 넣어 섞는다.
팬케이크 믹스와 박력분을 넣어 잘 섞는다.
2 고로케는 반으로 자르고, 양파는 얇게 썬다.
3 알루미늄컵 4개에 1을 균일하게 넣고 양파, 고로
케 순서대로 올린다. 케첩을 뿌리고 완두콩을 올
린다. 200℃의 오븐에서 10분간 굽는다.

_ 후쿠오카 나오코

와인과 잘 어울리는 **허브&치즈 빵**

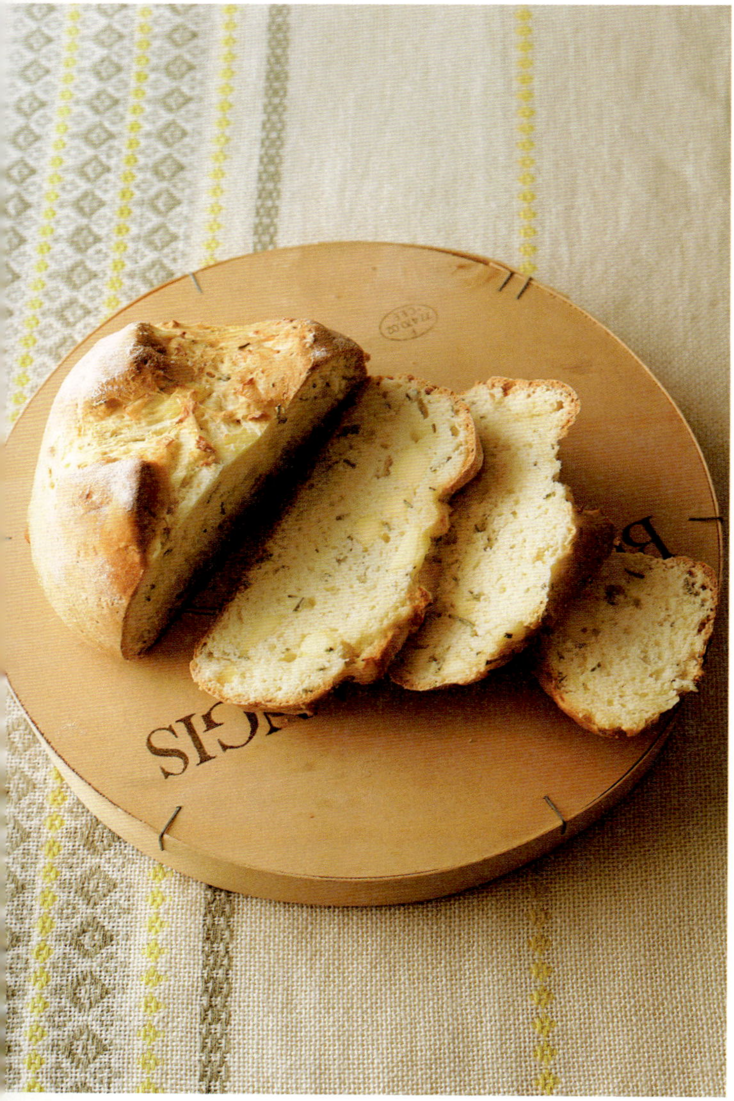

분량 1개분

재료 팬케이크 믹스 150g, 우유 80ml, 프로
세스치즈 60g, 로즈마리가루 2작은술

1 치즈는 5~10mm 크기로 깍둑썬다.

2 볼에 팬케이크 믹스와 우유, 치즈, 로
즈마리가루를 넣고 고무 주걱으로
섞는다. 어느 정도 뭉쳐지면 손으로
한 덩어리가 되도록 섞는다. 반죽이
들러붙을 경우, 강력분(분량 외) 등을
덧가루로 사용한다. 가운데 부분을
십자로 칼집 낸다.

3 철판에 쿠킹시트를 깔고 2를 올려
170℃의 오븐에서 25분간 굽는다.

_ 시모사코 아야미

옥수수와 마요네즈의 조합 마요콘 동글동글빵

분량 4개분

재료 팬케이크 믹스 150g, 치즈가루 2큰술, 달걀물 1/2개분, 플레인 요거트 60g, 옥수수 10g, 참치(통조림) 1큰술, 마요네즈 1큰술, 소금, 후춧가루, 다진 파슬리

1 옥수수와 참치는 통조림 국물을 버리고 마요네즈, 소금, 후춧가루를 넣고 버무린다.

2 볼에 팬케이크 믹스와 치즈가루를 넣고 섞는다. 달걀물과 요거트를 넣고 고무 주걱으로 가루 느낌이 없어질 때까지 섞는다.

3 손에 덧가루(분량 외, 강력분 등)를 묻히고, 4등분한 후 동그랗게 만든다. 가운데 부분에 열십자로 칼집을 낸다. 칼집 낸 부분을 벌려 그 안에 1을 올린다.

4 철판에 쿠킹시트를 깔고 3을 올린다. 170℃의 오븐에서 20분간 굽는다. 파슬리를 뿌린다.

_ 시모사코 아야미

두 가지 재료만으로 만드는 팽 드 캉파뉴

분량 1개분

재료 팬케이크 믹스 200g, 소금 1/3
작은술

1 볼에 팬케이크 믹스와 소금을 체로 쳐서 넣고, 물 90ml를 넣어 손으
로 반죽하여 한 덩어리를 만든다.

2 도마에 덧가루(분량 외, 강력분)를 뿌리고 1을 올린 후 동그란 모양을
만든다.

3 쿠킹시트를 깐 철판에 올리고 표면에 강력분(분량 외)을 뿌린 후, 열십
자의 칼집을 넣는다. 180℃의 오븐에서 30분간 굽는다.

_ 이시바시 가오리

잡곡의 고소함을 살린 **잡곡빵**

분량 4인분

재료 팬케이크 믹스 200g, 오곡미 (잡곡믹스) 50g, 올리브오일 1 큰술

1 잡곡은 끓는 물에 7~8분 삶고, 체에 올려 흐르는 물로 씻는다. 물기를 뺀다.

2 볼에 팬케이크 믹스와 1을 넣은 후, 올리브오일과 물 80ml를 넣고 반죽을 하여 한 덩어리를 만든다.

3 도톰하고 긴 모양을 만들어, 가운데 칼집을 1개 넣는다. 쿠킹시트를 깐 철판에 올려 170℃의 오븐에서 25~35분간 굽는다.

_ 이시자와 기요미

백옥분을 넣어 쫀득한 미니롤

분량 15개분

재료 팬케이크 믹스 100g, 백옥분*
100g, 치즈가루 20g, 우유 3
큰술

1 볼에 백옥분을 넣고 물 1/2컵을 넣는다. 가루 느낌이 남지 않도록 잘
섞는다.

2 1에 팬케이크 믹스와 치즈가루를 넣고 섞는다. 우유를 넣고 다시 반
죽하여 직경 4cm 크기로 동그랗게 만든다.

3 철판에 쿠킹시트를 깔고 2를 올린다. 170℃의 오븐에서 15~20분간
굽는다. 보송하게 부풀어 표면이 갈라지고, 갈라진 곳에 구운 색이 들
며 건조되면 오븐에서 꺼낸다. 식힘망 등에 올려 식힌다.

_ 이시자와 기요미

●백옥분 : 찹쌀을 물반죽한 가루.

요거트와 올리브오일로 산뜻하게 **포카치오 샌드**

분량 3개분

재료 **[빵 반죽]** 팬케이크 믹스 200g,
플레인 요거트 140g, 올리브
오일 3큰술, 소금
생햄, 허브(취향껏), 블랙 올리
브, 레몬 약간, 소금, 후춧가루,
올리브오일

1 볼에 요거트와 올리브오일을 넣고 거품기로 섞는다. 팬케이크 믹스를
체로 쳐서 넣고 소금을 넣은 후 부드럽도록 고무 주걱으로 섞는다.

2 쿠킹시트를 깐 철판에 1을 1/3씩 올린 후, 130℃의 오븐에서 40분간
굽는다.

3 두께의 반을 썰고, 먹기 좋은 크기로 자른 생햄, 허브, 올리브를 사이
에 넣는다. 소금, 후춧가루, 올리브오일을 가볍게 뿌리고 레몬즙을 뿌
려 먹는다.

_ 이시자와 기요미

팬케이크 믹스로 간단하게 피를 만드는

중국식 찐빵

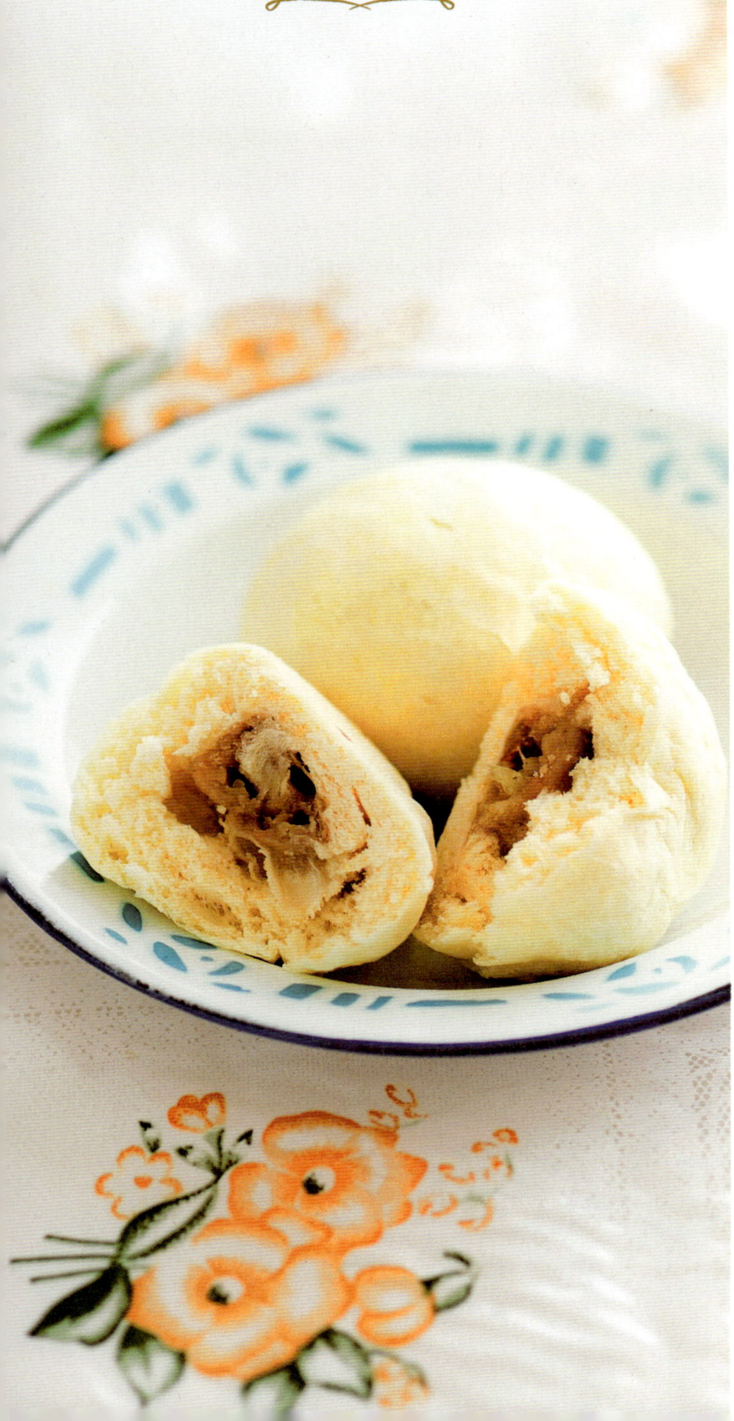

PANCAKE RECIPE

195

시판 슈마이를 간편하게 이용한

고기 찐빵

분량 4개분

재료 팬케이크 믹스 100g, 물 1.5~2큰술, 식용유 1큰술, 슈마이 4개

1 볼에 팬케이크 믹스, 물, 식용유를 넣고 손으로 반죽한다. 물의 양은 습도에 따라 달라지므로 모양을 봐가며 서로 붙을 정도의 단단함으로 조절한다.

2 반죽을 4등분하고, 동그랗게 만든 후 납작하게 편다. 슈마이를 1개씩 올려 감싼다.

3 6~7cm 사각 모양으로 자른 쿠킹시트에 2를 올리고 2개씩 내열 용기를 덮어 전자레인지(600W)로 3분간 가열한다(61쪽 심플 찐빵 만드는 법 참고).

_ 사이토 마키

TIP 전자레인지로 직접 찔 때, 바닥에 반죽이 붙을 수 있으므로 쿠킹시트 위에 올려 찌도록 한다.

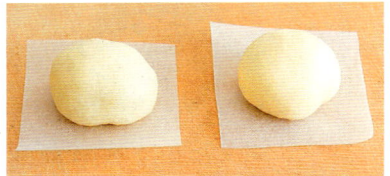

찜기로 찔 경우, 김이 올라오는 찜기에 찐빵을 올리고 뚜껑을 덮어 약불로 10~15분간 찐다.

달콤한 팥이 최고
팥찐빵

분량 4개분

재료 팬케이크 믹스 100g, 물 1.5~2 큰술, 식용유 1큰술, 팥소(팥앙금) 80g

1 팥소를 4등분한다.
2 고기 찐빵 만드는 방법을 참고한다(214쪽). 슈마이 대신 1을 넣고 같은 방법으로 만든다.

_ 사이토 마키

김치의 매운맛을
치즈가 마일드하게
김치&치즈 찐빵

분량 4개분

재료 팬케이크 믹스 100g, 물 1.5~2큰술, 식용유 1큰술, 김치 40g, 피자치즈 40g

1 김치는 잘게 다지고 치즈와 섞어 4등분한다.
2 고기 찐빵 만드는 방법을 참고한다(214쪽). 슈마이 대신 1을 넣고 같은 방법으로 만든다.

_ 사이토 마키

의외로 맛있는 소스
야끼소바 찐빵

분량 4개분

재료 팬케이크 믹스 100g, 물 1.5~2큰술, 식용유 1큰술, 야끼소바 80g

1 고기 찐빵 만드는 방법을 참고한다(214쪽). 슈마이 대신 야끼소바를 1/4씩 올려 싼 후, 같은 방법으로 만든다.

_ 사이토 마키

팬케이크 믹스와 가츠오부시의 만남

오코노미야끼

팬케이크 믹스로 만든 친숙한 맛

돼지고기&양배추 오코노미야끼

분량 2장분

재료 A [팬케이크 믹스 100g, 물 100ml, 가츠오부시 2g], 양배추 1장(30g), 돼지고기 40g, 식용유, 오코노미야끼 소스, 마요네즈, 청파래가루

1 양배추는 채썰고, 돼지고기가 크면 알맞은 크기로 자른다.
2 볼에 A를 넣고 거품기로 섞은 후, 양배추를 넣어 섞는다.
3 약불로 달군 프라이팬에 식용유를 두르고, 2의 1/2을 넣어 굽는다. 표면에 구멍이 뽕뽕 나면 돼지고기의 1/2을 올린 후 뒤집는다. 다시 1분간 바삭하게 굽는다. 나머지도 같은 방법으로 굽는다.
4 접시에 담고 취향껏 오코노미야끼 소스, 마요네즈, 청파래가루를 뿌린다.

_ 사이토 마키

PANCAKE RECIPE
200

떡과 치즈의 쫀득함

떡치즈&명란 오코노미야끼

분량 2장분

재료 A [팬케이크 믹스 100g, 물 100ml, 가츠오부시 2g],
떡 1개, 프로세스치즈 30g, 명란젓 1/2덩이, 식용유

1 떡과 치즈는 1cm 크기로 깍둑썰고, 명란젓은 껍
질을 제거한다.

2 볼에 A를 넣고 거품기로 섞는다.

3 약불로 달군 프라이팬에 식용유를 두르고, 2의
1/2을 넣어 굽는다. 표면에 구멍이 뽕뽕 나면 1의
1/2을 올려 구운 후, 뒤집어 1분간 바삭하게 굽
는다. 나머지도 같은 방법으로 굽는다.

_ 사이토 마키

POINT 떡을 1cm 크기로
잘라 넣으면, 반죽이 구워지
면서 익어 쫀득쫀득해진다.

PANCAKE RECIPE
201

힘이 불끈불끈 솟는

새우&부추 오코노미야끼

분량 2장분

재료 A [팬케이크 믹스 100g, 물 100ml, 가츠오부시 2g],
새우살 5마리, 부추 30g, 식용유

1 새우살은 편썰고, 부추는 굵게 다진다.

2 볼에 A를 넣고 거품기로 섞은 후, 부추를 넣어 섞
는다.

3 약불로 달군 프라이팬에 식용유를 두르고, 2의
1/2을 넣어 굽는다. 표면에 구멍이 뽕뽕 나면 새
우의 1/2을 올려 뒤집는다. 다시 1분간 바삭하게
굽는다. 나머지도 같은 방법으로 굽는다.

_ 사이토 마키

PANCAKE RECIPE
202

팬케이크 믹스로 만든 것이라고는 믿을 수 없는

라자냐풍 크레페그라탕

분량 4인분

재료 팬케이크 믹스 100g, 달걀 1개, 우유 200㎖, 토마토 1개, 양송이버섯 6개, 미트소스(시판품) 1캔(295g), 식용유, 소금, 후춧가루, 화이트소스(시판품) 200g, 피자치즈 50g, 다진 파슬리

1 볼에 달걀을 풀고 우유를 넣어 거품기로 섞는다. 팬케이크 믹스를 넣고 덩어리지지 않도록 섞는다.

2 수지가공된 프라이팬을 달군 후 식용유를 두르고, 국자 70%의 1을 넣는다. 재빨리 프라이팬을 돌려 전체적으로 넓게 편다. 표면이 건조되면, 젓가락으로 들어 뒤집은 후, 살짝 더 굽는다. 전체 8장을 만든다.

3 토마토는 1.5cm 크기로 깍둑썰고, 양송이버섯은 편썰어 미트소스, 소금, 후춧가루를 넣어 버무린다.

4 2를 1장씩 넓게 펴고, 절반 정도에 3을 올린다. 사방을 접어 그라탕 그릇에 담고, 3이 남았으면 올린다.

5 화이트소스를 얹고 치즈를 뿌린다. 오븐토스터로 노릇하게 구운 후, 파슬리를 뿌린다.

_ 후쿠오카 나오코

TIP 오븐토스터에 구울 경우, 2인분씩 만드는 것이 좋다. 오븐일 경우는 4인분도 괜찮다.

참깨를 넣어 맛을 업그레이드

한국풍 불고기 크레페

분량 4인분

재료 팬케이크 믹스 100g, 달걀 1개, 흑임자가루 2큰
술, 쇠고기(불고기용) 200g, 불고기 양념(시판품)
2큰술, 상추 8장, 파, 당근, 오이, 고추장, 배추김
치, 참기름, 식용유

1 볼에 달걀을 풀고 물 200ml를 넣는다. 거품기
로 잘 섞은 후 팬케이크 믹스와 흑임자가루를
넣고 덩어리지지 않도록 섞는다.

2 수지가공된 프라이팬을 달군 후 식용유를 두
르고, 국자 70% 정도의 1을 넣는다. 재빨리 프
라이팬을 돌려 전체적으로 넓게 편다. 표면이
건조되면, 젓가락으로 들어 뒤집은 후 살짝 더
굽는다.

3 쇠고기는 불고기 양념으로 재운 후, 참기름을
두른 프라이팬에 굽는다. 파, 당근, 오이는 채썬
다. 파는 물에 담갔다 물기를 뺀다.

4 2에 3, 상추, 김치, 고추장을 넣고 말아서 먹
는다.

_ 후쿠오카 나오코

보다 근사하게! 수제 간식 포장법

장식한 간식은 투명한 상자로 포장한다

아이싱이나 초콜릿으로 장식한 찐빵이나 머핀은
카페용 투명 뚜껑 상자가 좋다. 심플하게 포장하
여 귀여운 내용물이 돋보이게 한다.

쿠키는 종이컵에 담아 포장한다

쿠키를 종이컵에 담고, 투명 비닐봉지에 넣는다.
입구를 리본으로 묶거나 마스킹테이프로 붙인다.
건조제를 함께 넣으면 좋다.

종이파운드 틀에는 앙증맞은 간식을 넣는다

앙증맞은 간식을 포장할 때 좋은 종이파운드 틀.
보통 종이상자보다 기름이 잘 배지 않도록 가공
한 제품이 좋다. 달걀팬으로 만드는 롤케이크나
쿠키에 적당하다.

직접 만든 간식을 귀엽게 포장하여 선물하면 받는 사람은 틀림없이 기쁠 것이다.
최신 포장 재료를 사용한 아이디어 포장법을 소개한다.

쿠킹페이퍼로 캔디 모양으로 싼다

왁싱페이퍼로 간식을 싸면, 그것만으로도 센스업. 바움쿠헨은 링 모양으로 자르는 것이 일반적이지만, 세로로 길게 잘라 캔디 모양으로 포장하면 더욱 먹기 편리해진다.

먹기 좋도록 종이를 스테이플러로 찍는다

쿠킹시트를 두 장씩 겹쳐 스테이플러로 찍으면, 손으로 들고 먹기 좋은 봉투 모양이 된다. 크기 조절도 가능하다. 도넛이나 링 모양의 바움쿠헨에 적당하다.

입구를 리본이나 끈으로 묶는다

종이봉투에 과자를 넣고 입구를 접은 후, 펀치로 구멍을 뚫는다. 리본이나 끈으로 묶어주면 완성. 심플한 모양의 봉투는 자연스러워 오히려 멋스럽게 보인다.

PART 5

. . .

특별한 날을 위한
이벤트 간식

밸런타인데이나 핼러윈데이, 사랑하는 이의 생일 같은 특별한 날에 어울리는 간식도 팬케이크 믹

스로 충분하다. 받는 이도 깜짝 놀랄 만한 간식, 사랑하는 이들에게 주고 싶은 귀여운 간식까지도

모두 가능하다. 서프라이즈한 이벤트 간식들을 모았다.

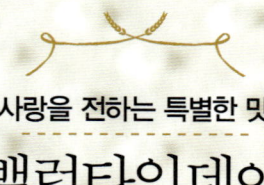

사랑을 전하는 특별한 맛

밸런타인데이

정통 초코 케이크 카토 쇼콜라

분량 직경 15cm 케이크 틀 1개분

재료 A [팬케이크 믹스 10g, 코코아 파우더 20g], 초콜릿 90g, 버터 40g, 생크림 20ml, B [달걀 노른자 2개분, 그래뉴당 20g], 달걀흰자 2개분, 그래뉴당 30g, 슈가파우더

준비 달걀흰자 이외의 재료를 상온에 둔다. A는 합쳐 체로 친다. 틀에 쿠킹시트를 깐다.

1 볼에 초콜릿과 버터를 넣고 중탕으로 가열한다. 녹으면 중탕에서 분리한다.

2 내열볼에 생크림을 넣고 전자레인지(600W)로 20초간 가열하여, 1의 볼에 넣는다.

3 다른 볼에 B를 넣고 뽀얗게 되도록 거품기로 섞어 2에 넣는다. 체로 친 A를 넣어 잘 섞는다.

4 다른 볼에 달걀흰자를 넣고 거품기로 젓는다. 그래뉴당 10g을 넣어 부드럽게 거품을 낸다. 이를 두 번 반복하여 뾰족하게 설 정도로 거품을 낸다.

5 3의 볼에 4를 두 번에 나눠 넣어가며 고무 주걱으로 섞는다.

6 5를 틀에 넣고 170℃의 오븐에서 30~35분간 굽는다. 가운데 부분을 꼬치로 찔렀을 때 묻어나는 것이 없으면 틀에서 꺼낸다. 옆면의 시트를 벗겨 식힌다. 차 거름망으로 슈가파우더를 뿌린다.

_ 시모사코 아야미

다양하게 장식한 정통 쿠키 초콜릿 쿠키

분량 직경 5.5cm 하트 모양 틀 약 22개분

재료 A [팬케이크 믹스 80g, 코코아파우더 20g], 버터 50g, 설탕 30g, 달걀노른자 1개분

준비 모든 재료는 상온에 둔다. A는 합쳐 체로 친다.

1 볼에 버터를 넣고 고무 주걱으로 부드럽게 젓는다. 설탕, 달걀노른자 순서로 넣어가며 섞는다.

2 1에 체로 친 A를 넣고 가루 느낌이 없어질 때까지 부드럽게 섞는다. 한 덩어리가 되면 평평하게 만들어 랩으로 싼다. 냉장고에 넣어 1시간 이상 휴지시킨다.

3 작업대에 덧가루(분량 외, 강력분 또는 박력분)를 뿌리고, 2를 올린 후 가볍게 반죽하여 균일하게 만든다.

4 밀대로 3mm 두께로 밀어 펴고, 모양 틀에 덧가루를 묻혀 찍는다. 자투리 반죽도 하나로 모아 다시 한 번 손으로 반죽하고, 같은 방법으로 밀대로 밀어 모양 틀로 찍는다.

5 쿠킹시트를 깐 철판에 일정한 간격으로 4를 올리고 170℃의 오븐에서 15~20분간 굽는다.

_ 시모사코 아야미

장식 아이디어 1
중탕으로 녹인 화이트초콜릿으로 반을 덮고, 컬러슈가나 실버슈가를 뿌린다.

장식 아이디어 3
중탕으로 녹인 초콜릿을 지그재그로 뿌리고, 아르장을 올린다.

장식 아이디어 2
중탕으로 녹인 초콜릿으로 반을 덮고 핑크슈가를 올린다.

선물로 제격 스노우볼 쿠키

분량 36개분

재료 A [팬케이크 믹스 80g, 코코
아파우더 20g], 버터 50g, 설
탕 20g, 아몬드파우더 25g,
슈가파우더 50g

준비 모든 재료를 상온에 둔다. A는
합쳐 체로 친다.

1 볼에 버터를 넣고 고무 주걱으로 부드럽게 젓는다. 설탕, 아몬드파우
더 순서로 넣어가며 섞는다.

2 체로 친 A를 넣고 가루 느낌이 없어질 때까지 섞는다. 한 덩어리가 되
면 평평하게 만들어 랩으로 감싸 냉장고에서 1시간 이상 휴지시킨다.

3 작업대에 덧가루(분량 외, 강력분 또는 박력분)를 뿌리고 2를 올린 후,
가볍게 반죽하여 균일하게 만든다.

4 반죽을 36등분하여 동그랗게 빚어, 쿠킹시트를 간 철판에 일정한 간
격으로 올린다. 170℃의 오븐에서 15~20분간 굽는다. 식힘망 위에
올려 한 김 식힌다.

5 비닐봉지에 슈가파우더를 담고 4의 10개를 넣어 전체적으로 묻힌다.

_ 시모사코 아야미

초콜릿이 주르륵 퐁당 쇼콜라 디저트

분량 4개분

재료 팬케이크 믹스 50g, 판젤라틴 100g, 버터 50g, A [달걀노른 자 2개분, 설탕 50g], B [달걀 흰자 2개분, 설탕 30g], 소스 용 판젤라틴(5g) 4장, 아이스크 림, 과일

POINT 자를 때 안의 소스가 흘러나 오도록 오븐에 굽기 전에 판젤라틴을 넣어둔다.

1 틀에 버터(분량 외)를 얇게 바르고, 틀보다 2cm 높게 쿠킹시트를 잘라 깐다.

2 볼에 판젤라틴을 잘라 넣고 버터와 같이 중탕으로 녹인다.

3 다른 볼에 A를 넣고 부드러워질 때까지 섞은 후 2를 넣고 잘 섞는다.

4 B를 다른 볼에 넣고 단단한 머랭을 만든다. 3에 머랭의 1/3을 넣고, 팬케이크 믹스를 넣어 가루 느낌이 없어질 때까지 잘 섞는다. 나머지 머랭을 두 번에 나눠 넣어가며 섞는다.

5 1의 틀에 4를 70% 정도 넣고 소스용 판젤라틴을 반죽에 넣는다. 180℃의 오븐에서 7~9분간 굽는다. 표면이 바삭할 때까지 구운 후 시트를 벗기고, 틀을 분리한다. 아이스크림이나 과일과 함께 접시에 담고, 취향에 따라 세르퓌유로 장식한다.

_ 이시자와 기요미

프라이팬으로 만든 타르트 초콜릿 타르트

분량 직경 20cm · 1개분

재료 팬케이크 믹스 50g, 녹인 버터 25g, 달걀 1개, 호두 20g, 초콜릿 150g, 슈가파우더

POINT 약불로 달군 프라이팬에 타르트 반죽을 구우면서 넓게 편다.

1 호두를 비닐봉지에 넣고 밀대로 두들겨 잘게 부순다.

2 초콜릿은 중탕으로 녹인다.

3 볼에 녹인 버터, 달걀, 팬케이크 믹스를 넣고 잘 섞은 후, 1/3은 다른 볼에 옮겨 담는다. 나머지 반죽에 1과 2를 넣고 거품기로 잘 섞는다.

4 프라이팬을 약불로 달군 후, 따로 덜어 놓았던 반죽을 넣는다. 스푼의 볼록한 부분으로 프라이팬 옆면의 2~3cm 높이까지 넓게 편다. 5분간 굽는다.

5 4에 3의 초콜릿 반죽을 붓고 스푼으로 평평하게 다듬는다. 뚜껑을 덮어 15분간 굽는다. 뒤집개로 식힘망 위에 올려 식힌 후 슈가파우더를 뿌린다.

_ 단노 마리코

PANCAKE RECIPE

209

찜기로 촉촉하고 부드럽게 프라이팬 쿠키

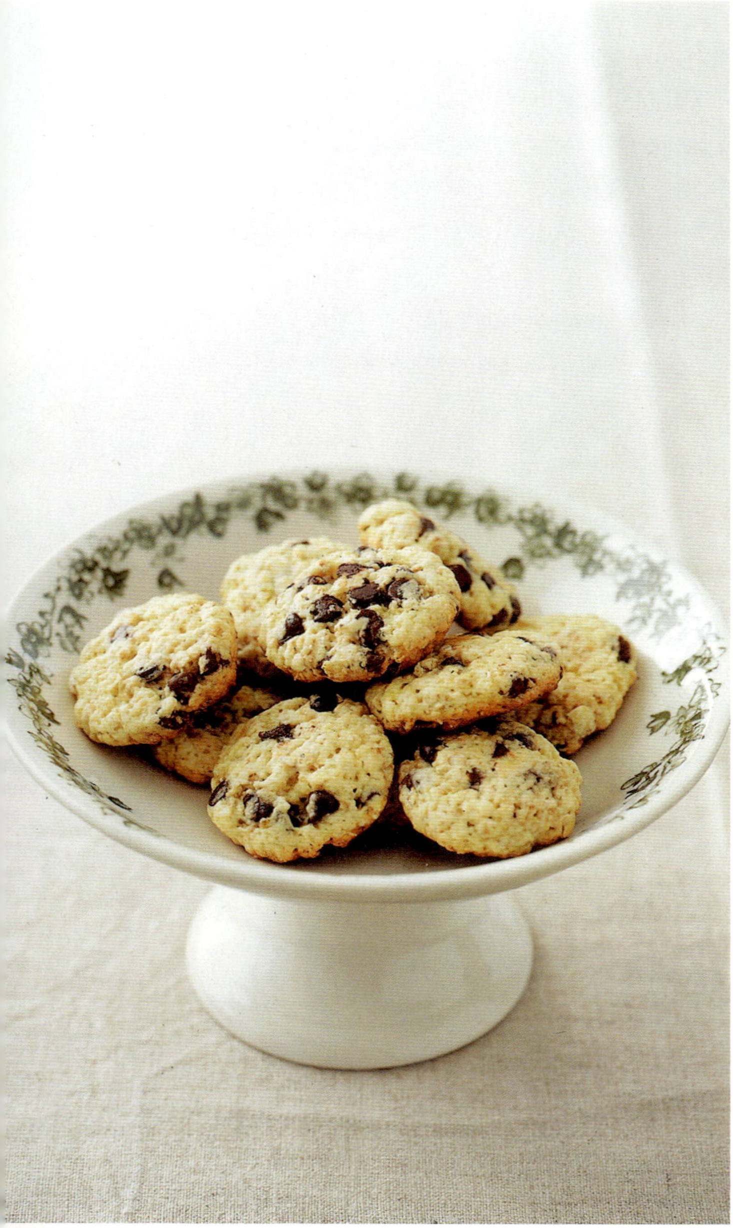

분량 12~15개분

재료 A [팬케이크 믹스 70g, 버터 10g, 설탕 1큰술], B [달걀물 1/2개분(30g), 오트밀 30g, 초코칩 30g]

1 볼에 A를 넣고 손끝으로 버터를 으깨면서 섞는다. 버터가 잘게 으깨지면 B를 넣고 고무 주걱으로 섞는다. 반죽을 한 덩어리로 만든다.

2 12~15등분하여 납작하고 동글게 만든 후, 프라이팬에 올린다. 뚜껑을 덮고 약불로 8분간 굽는다.

_ 이다 준코

POINT 뚜껑을 덮으면 촉촉하고 부드럽게 된다. 약불에서 바닥이 타지 않도록 주의한다.

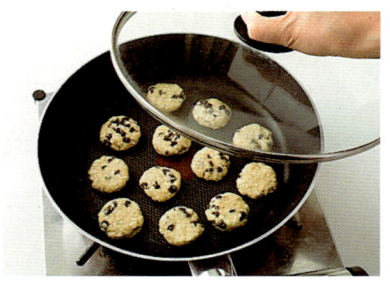

화려한 케이크도 문제없는 **오렌지 초코케이크**

분량 약 15×12cm · 1개분

재료 팬케이크 믹스 50g, 달걀 2개, 설탕 50g, 우유 1큰술, 오렌지 2개, 호두 적당량, A [생크림 200ml, 초콜릿 시럽 40g, 설탕 2큰술], 민트

1 볼에 달걀을 풀고, 설탕을 넣어 걸쭉하게 섞는다. 우유를 넣고 바닥 부분까지 크게 섞은 후 팬케이크 믹스를 넣고 가루 느낌이 없어질 때까지 섞는다.

2 쿠킹시트를 깐 철판에 1을 붓고 표면을 평평하게 다듬는다. 190℃의 오븐에서 10분간 굽는다. 한 김 식힌 후 랩을 씌워 식힌다.

3 오렌지는 겉껍질과 속의 얇은 껍질을 벗겨 과육을 도려낸다. 호두는 5mm 크기로 다진다.

4 볼에 A를 넣고 거품을 낸다.

5 2의 시트를 떼어내고, 4등분한다. 오렌지와 호두를 약간씩 남겨두고 4와 함께 사이사이에 넣어 바른다. 나머지 4를 전체에 바른다. 오렌지, 호두, 민트로 장식하고, 취향에 따라 채썬 오렌지 껍질을 뿌린다.

_ 이시자와 기요미

달콤새콤한 잼이 초콜릿을 돋보이게 하는 **밸런타인 생초코케이크**

분량 폭 12cm 하트 틀·1개분

재료 **[스폰지 반죽]** 팬케이크 믹스 80g, 달걀 1개, 생크림 100ml, 초콜릿 100g, **A** [생크림 100ml, 설탕 1큰술], 초콜릿 25g, 우유 2큰술, 카시스잼 1큰술, 코코아

1 틀에 버터(분량 외)를 바르고 박력분 (분량 외)을 얇게 뿌린다.

2 스폰지 반죽을 만든다. 초콜릿을 부 신 후 볼에 넣어 중탕으로 녹인다. 풀 어놓은 달걀과 생크림을 넣고 거품기 로 잘 섞는다. 팬케이크 믹스를 넣어 부드럽게 섞는다.

3 1의 틀에 2를 넣고, 170℃의 오븐에 서 20분간 굽는다. 틀째로 식힘망 위 에 올려 완전히 식힌다.

4 볼에 A를 넣고 60% 정도 거품을 낸다.

5 다른 볼에 장식용 초콜릿을 잘게 부 셔 넣고, 중탕으로 녹인다. 우유를 넣 고 4를 넣어 재빨리 섞는다.

6 3을 틀에서 분리하고, 표면이 평평 하도록 얇게 잘라낸 후 잼을 바른다. 5를 전체적으로 얇게 바른다. 나머 지 크림을 별 모양 깍지를 낀 짤주머 니에 넣어 표면에 짜 올린다. 코코아 를 차 거름망으로 뿌린다.

_ 후쿠오카 나오코

양주를 넣어 어른 입맛 럼볼

분량 12개분

재료 팬케이크 50g, 초콜릿 40g, 럼레이즌
30g, 코코아파우더

1 초콜릿은 잘게 부셔 볼에 넣고 50℃
   로 중탕하여 녹인다. 럼레이즌은 잘
   게 다진다.
2 볼에 팬케이크를 넣고 1을 넣어 잘
   섞는다. 12등분하여 볼 모양을 만든
   다. 쿠킹시트를 깐 트레이에 올리고
   냉장고에서 차게 굳힌다.
3 다른 트레이에 코코아파우더를 체로
   쳐 넣고, 2를 올려 전체적으로 묻힌다.

_ 사이토 마키

바삭바삭 스파이시한 쿠키 생강 쿠키

분량 8×6cm 생강맨 틀 · 약 8개분

재료 A [팬케이크 믹스 120g, 생강
가루 1/4작은술, 시나몬파우더
1/2작은술], 버터 50g, 설탕
20g, 달걀노른자 1개분, 마블
초콜릿, 데코펜(흰색)

준비 모든 재료는 상온에 둔다. A와
합쳐 거품기로 잘 섞는다.

1 볼에 버터를 넣고 고무 주걱으로 덩어리지지 않도록 섞는다. 설탕을
넣고 섞은 후, 달걀노른자를 넣는다.

2 A를 합쳐 넣고 가루 느낌이 없어질 때까지 고루 섞는다. 한 덩어리가
되면 평평하게 만들어 랩으로 감싼다. 냉장고에서 1시간 이상 휴지시
킨다.

3 작업대에 덧가루(분량 외, 강력분 또는 박력분)를 뿌리고 2를 올린 후,
가볍게 반죽하여 균일하게 만든다.

4 밀대로 3mm 두께로 밀어 편다. 틀에 덧가루를 가볍게 묻혀 모양을
찍는다. 자투리 반죽도 하나로 뭉쳐 다시 손으로 반죽한 후, 동일한
방법으로 밀대로 밀어 모양을 찍는다.

5 쿠킹시트를 깐 철판에 같은 간격으로 4를 올리고 170℃의 오븐에서
15~20분간 굽는다. 식힘망 위에 올려 식힌다.

6 데코펜으로 머리, 눈, 옷의 모양을 그리고, 마블초콜릿 뒷면에 데코펜
을 짜서 쿠키에 붙인다.

_ 시모사코 아야미

촉촉한 바움쿠헨 디저트 나무 모양 바움쿠헨

분량 4개분

재료 팬케이크 믹스 100g, A [달걀 1개, 우유 1큰술, 생크림 100ml, 간 레몬 껍질 1/2개분, 꿀 2큰술], 막대 초콜릿 과자 8개, 생크림, 설탕, 시나몬파우더, 바닐라아이스크림

1 볼에 A를 넣고 잘 섞은 후, 팬케이크 믹스를 넣어 거품기로 섞는다.

2 수지가공된 달걀팬을 달군 후, 반죽 1국자를 넣고 넓게 편다. 알루미늄 포일로 느슨하게 덮어 구운 후, 표면이 건조되기 시작하면 가장자리부터 돌돌 만다.

3 가장자리에 돌돌 만 반죽을 올리고, 다시 2번째 반죽을 붓는다. 같은 방법으로 돌돌 만다. 이 동작을 한 번 더 반복하면 완성이다. 같은 방법으로 1개 더 만든다.

4 볼에 생크림과 설탕을 넣고 50%의 거품을 낸다. 접시에 깔고 시나몬파우더를 뿌린다.

5 3을 어슷하게 반 자르고, 꼬치로 구멍을 뚫은 후 초콜릿 과자를 꽂는다. 접시에 세워 담고, 아이스크림으로 눈사람 모양을 만들어 담는다. 초콜릿으로 눈 모양을 만든다.

_ 혼마 세쓰코

236

크리스마스 트리 모양으로 담은 **미니 트리케이크**

분량 4개분

재료 팬케이크 믹스 100g, 달걀물 1/2개분, 우유 90ml, 식용유, 생크림 100ml, 설탕 1큰술, 취향에 맞는 과일(딸기, 블루베리 등)

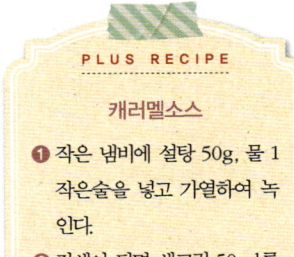

PLUS RECIPE

캐러멜소스

❶ 작은 냄비에 설탕 50g, 물 1 작은술을 넣고 가열하여 녹인다.

❷ 갈색이 되면 생크림 50ml를 두세 번에 나눠 넣어 섞는다.

1 볼에 달걀물과 우유를 넣고 거품기로 섞는다. 팬케이크 믹스를 넣고 잘 섞는다.

2 달군 프라이팬에 식용유를 두르고, 반죽의 1/2을 넣어 양면이 갈색이 되도록 굽는다. 다른 1장도 같은 방법으로 굽는다. 2장을 겹쳐 동시에 방사형 모양으로 6등분한다.

3 과일은 알맞은 크기로 자른다.

4 볼에 생크림과 설탕을 넣고 거품기로 거품을 내어, 접시 가운데 1/4씩 올린다. 과일을 알맞게 올린다. 2를 2개씩 세워 트리 모양을 만든다. 크림을 올리고 과일로 장식한다. 취향에 따라 캐러멜소스(왼쪽 참고), 슈가파우더, 쿠키 등으로 장식한다.

_ 혼마 세쓰코

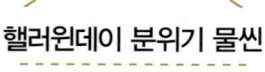

핼러윈데이 분위기 물씬

핼러윈데이

단호박 크림을 동그랗게 짜서 올린

단호박 쁘띠케이크

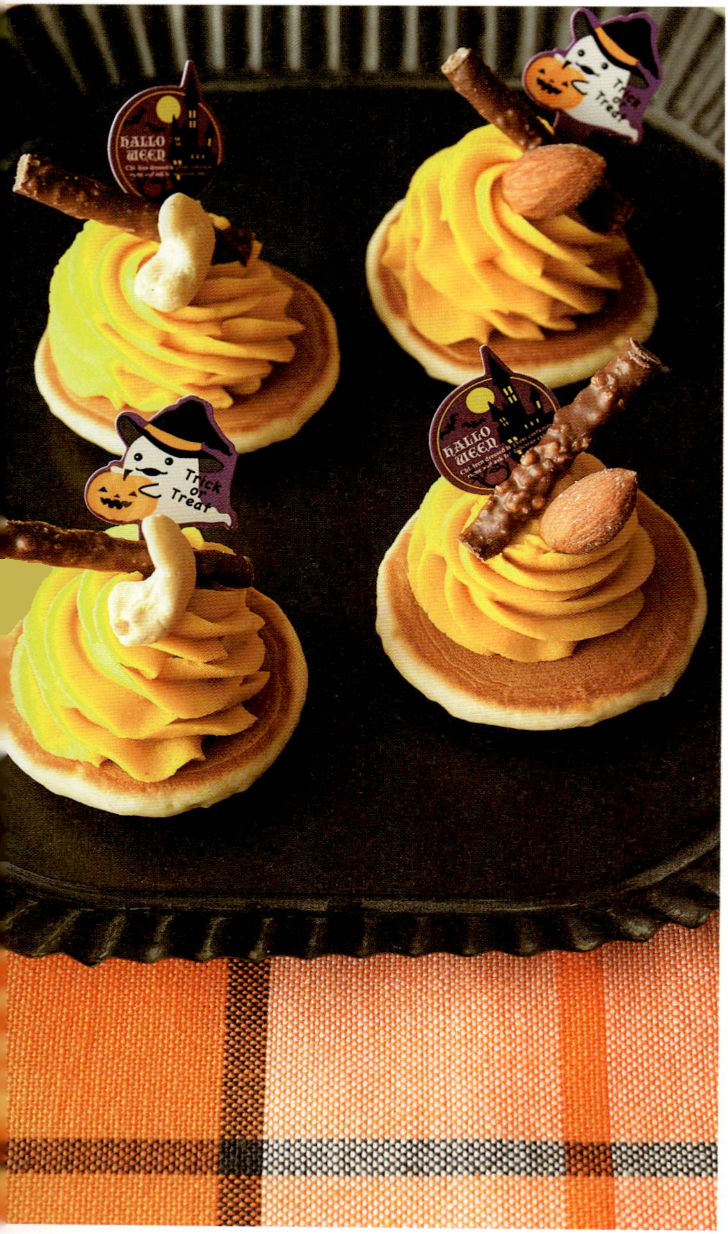

분량 직경 5cm · 25장분, 단호박 크림은 만들기
쉬운 분량

재료 팬케이크 믹스 150g, 달걀 1개, 우유 100ml,
단호박 400g, 그래뉴당 80g, 버터 60g,
생크림 60ml, 토핑용 초콜릿 과자, 견과류
(취향껏)

1 팬케이크를 굽는다(13쪽 플레인 팬케이
크 참고). 구울 때는 1큰술씩 반죽을 올
려 직경 5cm가 되도록 한다.

2 단호박은 2~3cm 크기로 깍둑썰어 내
열 용기에 넣고, 물 1.5큰술을 뿌려 랩
을 씌운 후 전자레인지(600W)로 가열
한다. 꼬치가 들어갈 정도로 익힌다.

3 익힌 단호박은 물기를 빼고 체에 내린
후, 뜨거울 때 그래뉴당과 버터를 넣어
섞는다. 이때 너무 묽으면, 냄비로 옮겨
담아 약한 중불에서 고무 주걱으로 저
으면서 가열한다. 한 덩어리가 되고 수
분이 없도록 한다.

4 볼에 옮겨 담아 식힌다. 생크림을 조금
씩 넣어가며, 고무 주걱으로 부드럽게
섞는다.

5 별 모양 깍지를 낀 짤주머니에 넣어
1 위에 동그란 모양으로 짜 올린다. 초콜
릿 과자, 견과류 등으로 장식한다.

_ 시모사코 아야미

동글동글한 단호박이 들어 있는 **단호박&코코아 머핀**

분량 직경 7cm 머핀 틀 · 6개분

재료 팬케이크 믹스 100g, 코코아 파우더 20g, 단호박 80g, 버터 90g, 그래뉴당 80g, 달걀 2개, 호박씨(건조)

1 단호박은 2~3cm 크기로 깍둑썰어 내열 용기에 담고 랩을 씌워 전자 레인지(600W)로 약 2분, 꼬치가 들어갈 정도로 익힌다. 한 김 식으면 5mm~1cm 크기로 깍둑썬다.

2 볼에 버터를 넣고 고무 주걱으로 덩어리가 없도록 섞는다. 그래뉴당 을 넣고 거품기로 새하얀 색이 되도록 섞는다.

3 달걀을 풀어 2에 조금씩 넣어가며 섞는다. 팬케이크 믹스와 코코아 파우더를 합쳐 세 번에 나눠 넣어 계속 섞는다. 두 번째 넣을 때 단호 박을 넣고, 나머지를 넣어 가루 느낌이 없고 윤기가 나도록 한다.

4 머핀 틀에 유산지컵을 깔고 3을 80% 정도 넣는다. 호박씨를 토핑으 로 올려 170℃의 오븐에서 25분간 굽는다. 꼬치로 찔렀을 때 묻어나 는 것이 없을 때까지 굽는다.

_ 시모사코 아야미

두부를 넣어 식어도 쫀득쫀득한 단호박 미니 도넛

분량 직경 4cm · 16개분

재료 팬케이크 믹스 100g, 단호박 80g, 두부 100g, 설탕 20g, 튀김기름

준비 두부는 키친타월로 감싸 물기를 뺀다.

1 단호박은 2~3cm 크기로 깍둑썰어 내열 용기에 담고 물 1작은술을 뿌린다. 랩을 씌워 전자레인지(600W)로 약 2분간 가열하여 부드러워지면, 물기를 빼고 포크로 으깬다.

2 볼에 두부와 설탕을 넣고 거품기로 곱게 으깬 후, 1을 넣어 섞는다. 팬케이크 믹스를 넣고 고무 주걱으로 가루 느낌이 없어질 때까지 섞는다.

3 손에 덧가루(분량 외)를 뿌려 2를 작은 크기로 둥글린다.

4 160℃의 기름에서 3을 옅은 갈색이 나도록 3분 30초간 튀긴다.

_ 시모사코 아야미

거미줄 장식으로 색다르게 단호박 사각케이크

분량 21×16cm 트레이 1개분

재료 팬케이크 믹스 10g, 크림치즈 200g, 단호박 100g, 그래뉴당 80g, 달걀 1개, 생크림 50ml, 시나몬파우더 1/4작은술, 다이제스트 비스킷 120g, 버터 50g, 초코펜(갈색)

준비 생크림 이외의 재료들을 상온에 둔다. 트레이에 쿠킹시트를 깐다.

1 단호박은 2~3cm 크기로 깍둑썰어 내열 용기에 담고 랩을 씌워 전자레인지(600W)로 약 2분, 꼬치가 들어갈 정도로 익힌다. 한 김 식으면 5mm~1cm 크기로 깍둑썰어 물기를 제거하고 체에 내린다.

2 바닥 반죽을 만든다. 비닐봉투에 비스킷을 넣고 밀대로 두들겨 잘게 부순 후, 볼에 넣는다.

3 내열 용기에 버터를 넣고 랩을 씌워 전자레인지로 1분간 가열하여 녹인다. 2에 넣어 섞은 후, 트레이에 편다.

4 볼에 크림치즈를 넣고 고무 주걱으로 부드럽게 젓는다. 1, 그래뉴당 순서로 넣어가며 섞는다.

5 달걀을 풀어 4에 조금씩 넣어가며 부드럽게 섞는다. 팬케이크 믹스와 시나몬파우더를 넣고 섞는다. 생크림을 넣어 섞은 후, 체에 내린다.

6 3의 트레이에 부어 표면을 고무 주걱으로 다듬는다. 160℃의 오븐에서 30분간 굽는다. 한 김 식으면 냉장고에 넣어 차게 한다.

7 트레이에서 쿠킹시트를 빼내어, 시트를 떼어낸다. 초코펜으로 거미줄 모양을 그리고, 취향껏 은단으로 장식한다.

_ 시모사코 아야미

TIP 쿠킹시트는 트레이의 옆면까지 닿도록 크게 잘라, 네 귀퉁이를 접어 깐다.

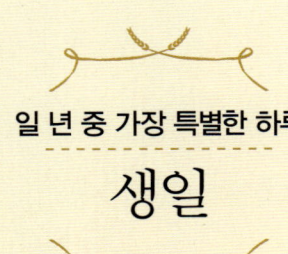

인기 만점의 생일 케이크 **딸기 쇼트케이크**

분량 1개분

재료 팬케이크 믹스 100g, 달걀물
1/2개분, 우유 100ml, 생크림
200ml, 설탕 20g, 딸기 1/2팩

1 볼에 달걀물과 우유를 넣어 거품기로 섞은 후, 팬케이크 믹스를 넣고
잘 섞는다.

2 수지가공된 프라이팬을 달군 후, 한 번에 반죽의 1/3을 넣으며 팬케
이크 3장을 굽는다.

3 볼에 생크림과 설탕을 넣고, 60% 정도 거품을 낸다. 장식용으로 국자
1개분을 다른 볼에 옮겨 담고, 냉장고에 넣어 차게 한다. 나머지 생크
림은 뾰족하게 설 정도로 거품을 낸다. 딸기는 장식용으로 몇 개를
남겨두고, 나머지는 얇게 편썬다.

4 팬케이크 1장에 생크림의 1/4을 바르고, 얇게 썬 딸기를 전체적으로
올린다. 위에 생크림의 1/4을 바른다. 두 번째 팬케이크를 올리고 같
은 방법으로 생크림, 딸기, 생크림 순서로 올려 3장을 겹친다.

5 마지막에 장식용 생크림과 딸기로 장식한다.

_ 사이토 마키

달콤한 커스터드와 포도를 듬뿍 포도&커스터드 타르트

분량 직경 24cm · 1개분

재료 팬케이크 믹스 200g, A [우유 100ml, 달걀 1개, 설탕 1큰술], 레몬즙 1큰술, 버터 50g, B [설탕 4큰술, 달걀 2개], 포도 100g, 민트

1 커스터드 크림을 만든다. 내열볼에 팬케이크 믹스 2큰술과 A를 넣고 잘 섞는다. 전자레인지(600W)로 1분 30초간 가열하여 거품기로 재빨리 섞는다. 원하는 농도가 되도록 30초씩 가열해가며 섞어 만든다. 마지막에 레몬즙을 넣는다.

2 큰 내열볼에 버터를 넣고 전자레인지로 30초간 가열하여 녹인다. 한 김 식으면 B를 넣고 잘 섞는다. 나머지 팬케이크 믹스를 넣고 가루 느낌이 없어질 때까지 섞는다.

3 내열 용기에 넣고 표면을 다듬어 전자레인지로 2분 30초간 가열한다. 그대로 3분 정도 두어 한 김 식힌다. 커스터드 크림을 바르고 껍질을 벗긴 포도와 민트를 올린다.

_「코모」 모델 오카베 하나코

정통 스폰지케이크 바나나&블루베리 스폰지케이크

분량 직경 16cm 케이크 틀·1개분

재료 팬케이크 믹스 100g, 달걀 2개, 설탕 50g, 우유 2큰술

[장식] 생크림 200ml, 설탕 2 큰술, 바나나 1개, 레몬즙, 블루베리

1 달걀은 흰자와 노른자를 분리해 흰자를 볼에 넣고, 거품기로 가볍게 저은 후, 설탕을 넣고 뾰족하게 설 정도의 단단한 머랭을 만든다.

2 달걀노른자와 우유를 넣고 다시 섞는다. 팬케이크 믹스를 체로 쳐서 넣고, 가루 느낌이 없어질 때까지 가볍게 섞는다.

3 틀 바닥과 측면에 쿠킹시트를 깔고 2를 붓는다. 틀을 약간 들고 떨어뜨려, 안의 공기를 빼낸다.

4 150℃의 오븐에서 20~25분간 굽는다. 가운데가 부풀면, 손으로 가볍게 눌러 움푹 패지 않을 때까지 굽는다. 움푹 패면 5분간 더 굽는다.

5 틀에서 꺼내, 식힘망에 올려 한 김 식힌다. 건조되지 않도록 랩을 씌운 후 완전히 식힌다.

6 볼에 장식용 생크림과 설탕을 넣고 거품을 낸다. 바나나는 링 모양으로 썰어 레몬즙을 뿌려둔다.

7 5를 가로 방향으로 반 자르고, 단면에 생크림의 1/3을 바른 후, 바나나와 블루베리의 1/2을 올린다. 나머지 생크림의 1/2을 바르고 다시 팬케이크를 올린다. 위에 나머지 생크림을 바르고 바나나와 블루베리로 장식한다.

_ 이시자와 기요미

친구에게 선물할 때 부담 없이 건넬 수 있는 작은 사이즈의 간식을 만들어보자.
보기에도 좋아 받는 사람도 더욱 기분 좋은 간식들.

PANCAKE RECIPE

223

PANCAKE RECIPE

224

마시멜로를 쏙! 우피파이

분량 직경 4cm · 4개분
재료 A [팬케이크 믹스 50g, 블랙코코아 10g], 버터(상온에
둔다) 25g, 설탕 2큰술, 달걀물 1~2큰술, 마시멜로(화
이트, 커피) 2개씩

1 버터는 볼에 담아 고무 주걱으로 크림 상태가 되도
록 젓는다. 설탕을 넣고 잘 섞는다.
2 달걀을 조금씩 넣어가며 섞은 후, A를 두 번에 나눠
넣고 자르듯이 섞는다. 가루 느낌이 없도록 손으로
한 덩어리를 만든 후 8등분한다.
3 동그랗게 만들어, 쿠킹 시트를 간 철판에 4~5cm
간격으로 올린다.
4 180℃의 오븐에서 15분간 굽는다. 식힘망 위에 올
려 약간 식으면, 반으로 자르고 마시멜로를 사이에
낀다.
　　　　　　　　　　　　　　　　　　　　_ 단노 마리코

● 우피파이(Whoopie pie) : 초코파이와 흡사한 동그란 샌드
파이.

팬케이크 믹스라고는 상상하기 어려운 롤리팝

분량 2개분
재료 팬케이크 반죽 4큰술, 화이트초콜릿 1장, 초코펜(취향
껏), 나무 막대 2개

1 수지가공된 프라이팬을 중불로 달구고, 젖은 행
주에 올려 한 김 식힌다. 다시 약불에 올려 직경
5~6cm가 되도록 반죽을 2개 올린 후, 30초 후에
위에 나무 막대를 올린다.
2 표면에 구멍이 뿡뿡 나면 뒤집어 1분간 더 굽는다.
접시에 꺼내 한 김 식힌다.
3 화이트초콜릿은 중탕으로 녹이고, 스푼으로 2의 전
체에 얹어 냉장고에서 차게 한다.
4 초콜릿이 단단해지면 좋아하는 색의 초코펜으로
장식한다.
　　　　　　　　　　　　　　　　　　　　_ 단노 마리코

PANCAKE RECIPE
225

PANCAKE RECIPE
226

크루아상과 도넛의 장점만 담은
크루너츠

분량 직경 6.5cm · 4개분
재료 팬케이크 믹스 200g, 달걀 1개, 우유 2큰술, 버터 40g, 튀김기름, 아이싱

1 버터는 부드럽게 만들어 9×9cm의 크기로 자른다.
2 볼에 달걀을 풀고, 우유와 팬케이크 믹스를 넣어 섞는다. 가루 느낌이 없어질 때까지 가볍게 손으로 반죽하고 한 덩어리가 되면 랩으로 감싸 냉장고에서 30분간 휴지시킨다.
3 반죽을 20×20cm 크기로 밀어 가운데 버터를 올린다. 버터가 보이지 않도록 잘 감싸 붙인다.
4 덧가루(분량 외, 박력분)를 도마에 뿌려 3을 올리고, 밀대로 가로:세로=1:2의 비율로 밀어 편다. 위아래를 가운데로 접고 90도를 돌려 방향을 바꾼다. 중간에 버터가 녹아 손에 묻어나면 냉장고에 10분간 넣어둔다.
5 이것을 10~12회 반복하여 10×25cm 크기로 밀어 편다. 도넛 틀로 찍는다. 170℃의 기름에서 옅은 갈색이 되도록 튀긴다. 식으면 아이싱한다(63쪽 참고).

_ 단노 마리코

달콤한 향과 바삭바삭한 식감이 최고!
캐러멜러스크

분량 만들기 쉬운 분량
재료 남은 팬케이크 2장, 그래뉴당 3큰술, 버터 30g

1 팬케이크는 1cm 크기로 깍둑썰어 100℃의 오븐에서 30분간 굽는다.
2 냄비에 그래뉴당과 물 1큰술을 넣고 강불로 끓인다. 갈색이 되면서 전체적으로 녹으면 물 1큰술과 버터를 넣고 불을 끈다.
3 전체를 가볍게 섞은 후 1을 넣어 재빨리 버무린다. 서로 붙지 않도록 쿠킹시트 위에 같은 간격으로 올려 재빨리 펴고, 캐러멜이 단단하게 굳을 때까지 그대로 둔다.

_ 단노 마리코

◀ **POINT** 버터는 반죽에서 나오지 않도록 감싸서 밀대로 민다. 3장 접기하고 방향을 바꿔가면서 반복하여 밀어야 층이 만들어진다.

브레드가든
오리지널 레시피

− 한국어판 특별 레시피 −

담백하면서도 고소한 유럽 스타일의 스마일 팬케이크, 부드러운 생크림에 상큼한 딸기로 장식한

환상적인 궁합의 딸기 롤 팬케이크, 달콤한 초코크림과 상큼한 과일이 어우러진 팬케이크 파티꽂

이, 그리고 딸기와 녹차가 맛있게 조화를 이룬 녹차 오믈렛 빵까지 브레드가든에서 공개한 특별한

레시피대로 팬케이크를 만들어 향긋한 커피 한 잔과 함께 먹는 즐거움에 빠져보자.

담백하면서도 고소한 유럽 스타일 스마일 팬케이크

분량 8cm · 12~14개분

재료 브레드가든 버터밀크 팬케이크 믹스 1개,
달걀 1개, 우유 85ml

1 볼에 버터밀크 팬케이크 믹스, 달걀,
우유를 넣고 손거품기로 섞는다.

2 스마일팬에 식용유 또는 버터를 넣
고 전체적으로 둘러 달군 후에 키친
타올로 닦아낸다.

3 예열된 팬에 1의 반죽을 붓는다.
TIP 약불에서 서서히 구워야 노르스름한
맛있는 색이 나온다.

4 팬케이크 표면에 기포가 생기면 뒤집
어 1~2분 정도 노릇한 색이 나도록
굽는다.
TIP 접시에 담아 메이플 시럽이나 버터,
잼 등을 곁들여 먹으면 맛있다.

_ 브레드가든

귀엽고 앙증맞은 모양에 저절로 미소가!

맛도 모양도 엄지척!

환상적인 궁합 딸기 롤 팬케이크

분량 8cm · 12~14개분

재료 브레드가든 버터밀크 팬케이크
믹스 1개, 달걀 1개, 우유 100ml,
생크림 200ml, 설탕 10g, 딸기
150g

1 볼에 버터밀크 팬케이크 믹스, 달걀, 우유를 넣고 손거품기로 섞는다.

2 프라이팬에 식용유 또는 버터를 넣고 전체적으로 둘러 달군 후에 키
친타올로 닦아낸다.

3 예열된 프라이팬에 반죽 한 국자를 넣어 사각 형태로 펼쳐준다.

4 팬케이크 표면에 기포가 생기면 뒤집어 1~2분 정도 노릇한 색이 나
도록 구운 후 식힘망에서 식힌다.

5 다른 볼에 냉장고에서 꺼낸 차가운 생크림을 넣고 핸드믹서의 거품기
로 가장 센 단계에서 10초간 휘핑하다가 설탕을 넣고 부드러운 소프
트아이스크림 상태가 될 때까지 휘핑한다.

6 4의 팬케이크 위에 휘핑한 생크림을 스패츌러로 바른다.

7 딸기를 6의 위에 가지런히 올려준다.

8 안쪽에서부터 둥글려가며 살짝 말아준 다음 랩에 싸서 냉장고에 30
분간 넣어둔다.

_ 브레드가든

달콤한 초코크림과 상큼한 과일 꼬치의 조화 **팬케이크 파티꽂이**

분량 8cm · 12~14개분

재료 브레드가든 버터밀크 팬케이
크 믹스 1개, 달걀 1개, 우유
85ml, 초코크림 80g, 바나나 1
개, 딸기 100g, 키위 1개

1 볼에 버터밀크 팬케이크 믹스, 달걀, 우유를 넣고 손거품기로 섞는다.

2 기름을 살짝 둘러 키친타올로 닦아낸 팬에 반죽을 넣은 후 약불에
서 앞뒤로 노릇하게 굽는다.

3 완성된 팬케이크는 지름 5cm 정도의 원형 커터로 찍어놓는다.

4 바나나와 딸기, 키위는 팬케이크 크기로 잘라놓는다.

5 3의 팬케이크 한쪽 면에 초코크림을 바른다.

6 롤리팝 스틱에 팬케이크와 과일을 원하는 순서로 꽂는다.

7 완성된 팬케이크 꼬치를 유산지를 깔아 놓은 포장케이스에 담는다.

8 왁스페이퍼와 노끈을 이용해 포장한다.

_ 브레드가든

딸기와 녹차의 아름다운 조화 녹차 오믈렛 빵

분량 6cm 오믈렛·8개분

재료 버터밀크 팬케이크 믹스 1개,
달걀 1개, 우유 100ml, 녹차 가루 2작은술
[필링] 생크림 200ml, 설탕 15g, 딸기 5개

1 볼에 버터밀크 팬케이크 믹스, 달걀, 우유를 넣고 손거품기로 섞는다.

2 녹차 가루를 넣고 다시 한 번 손거품기로 섞는다.

3 프라이팬에 식용유 또는 버터를 넣고 전체적으로 둘러 달군 후에 키친타올로 닦아낸다.

4 예열된 프라이팬에 반죽 한 국자를 넣어 동그랗게 펼쳐준다.

5 반죽 표면에 기포가 생기면 뒤집어 1~2분 정도 노릇한 색이 나도록 구운 후 팬에서 꺼내 살짝 반으로 오므려 준다.

6 다른 볼에 냉장고에서 꺼낸 차가운 생크림을 넣고 핸드믹서의 거품기로 가장 센 단계에서 10초간 휘핑하다가 설탕을 넣고 부드러운 크림이 될 때까지 휘핑한다.

7 6의 생크림을 별 모양 깍지를 끼운 짤주머니에 넣고 5의 오믈렛에 짠다.

8 딸기를 반으로 잘라 올린다.

_ 브레드가든

홈베이킹의 모든 것을 만나볼 수 있는
브레드가든 Baking world~

㈜브레드가든은 1995년 설립된 홈베이킹 전문 기업으로 국내 환경에 맞춘 브레드가든만의 홈베이킹 레시피와 시연 강좌를 통해 국내에 홈베이킹 문화를 안착시켰으며, 지속적인 연구 개발을 통해 건강하고 실용적인 한국식 홈베이킹 확산에 앞장서고 있습니다.

최근에는 국내뿐 아니라 중국 유명 온라인 쇼핑몰과 대형마트, 프리미엄 마켓에 브레드가든 제품을 수출하며 글로벌 기업으로서의 입지를 다지고 있으며 **2020년, 세계 3대 홈베이킹 회사가 되는 것을 목표**로 아시아 입맛에 맞춘 베이킹 재료 제조와 베이킹 도구, 가전을 생산하며 많은 사람들이 집에서도 손쉽게 홈베이킹을 즐길 수 있도록 노력해오고 있습니다.

[비앤씨마켓 고속버스터미널점]

홈베이킹의 모든 것을 만나볼 수 있는
브레드가든 직영 매장

제과 제빵 재료 및 도구
베이커리나 카페를 위한
도소매형 오픈 매장

귀차니즘이 강한 당신에게 권해드리는 최고의 온라인 쇼핑몰~

다양한 이벤트와 기획전이 펼쳐지는 홈베이킹 도소매 전문몰

[www.bncmarket.com] 비앤씨마켓

그 외에도 브레드가든을 만날 수 있는 곳!!   브레드가든 www.breadgarden.co.kr   네이버 포스트 post.naver.com/ezbaking   페이스북 www.facebook.com/bncmarket

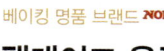

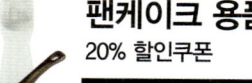
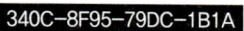
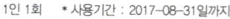